대한민국 재난의 탄생

대한민국 재난의 탄생

ⓒ홍성욱·구재령·김주희·박상은·박진영·장신혜·장하원·전치형·황정하, 2024. Printed in Seoul, Korea

초판 1쇄 찍은날	2024년 2월 19일
초판 1쇄 펴낸날	2024년 2월 23일
지은이	홍성욱·구재령·김주희·박상은·박진영·장신혜·장하원·전치형·황정하
펴낸이	한성봉
편집	최장분·이송석·오시경·권지연·이동현·김선형·전유경
콘텐츠제작	안상준
디자인	최세정
마케팅	박신용·오주형·박민지·이예지
경영지원	국지연·송인경
펴낸곳	도서출판 동아시아
등록	1998년 3월 5일 제1998-000243호
주소	서울시 중구 퇴계로30길 15-8 [필동1가 26] 무석빌딩 2층
페이스북	www.facebook.com/dongasiabooks
전자우편	dongasiabook@naver.com
블로그	blog.naver.com/dongasiabook
인스타그램	www.instargram.com/dongasiabook
전화	02) 757-9724, 5
팩스	02) 757-9726
ISBN	978-89-6262-065-8 03400

만든 사람들

책임편집	박일귀·이종석
디자인	김아영
크로스교열	안상준

과학기술학의 관점으로 진단한
기술 재난과 한국 사회의 현주소

과학문명단문총서 003

대한민국

홍성욱

구재령

김주희

박상은

박진영

장신혜

장하원

전치형

황정하

재난의

탄생

"세월호부터 팬데믹까지…
무엇이 우리를 재난의 시대로 몰고 가는가"

동아시아

이 책은 2024년도 포스텍 융합문명연구원의 지원을 받아 출간되었습니다.

This book published here was supported by the POSTECH Research Institute for

Convergence Civilization (RICC) in 2024.

머리말

    대한민국을 떠올릴 때 생각나는 이미지는 무엇인가? '한강의 기적'이라고 불러도 무색하지 않은 급속한 경제 발전, 깨끗한 거리, BTS와 블랙핑크와 같은 K-팝, 〈기생충〉이나 〈오징어 게임〉 같은 K-무비, 해외에서 인기가 많다는 김밥, 경복궁과 한복, 한글을 배우려고 열심인 외국인들…. 우리 가슴을 뿌듯하게 하는 밝고 자랑스러운 이미지들이다.

    그런데 조금만 고개를 돌려 이런 성취의 옆을 보면 그 그림자가 드리워져 있다. 20세기 발전 국가 대한민국의 눈부신 성취 뒤에는 성수대교 붕괴 참사, 삼풍백화점 참사, 대구 지하철 화재 참사가 어른거린다. 대한민국이 세계 10위권의 경제 대국이자 문화 선진국이 된 21세기에는 이런 후진국형 참사가 더 이상 없을 줄 알았다. 그런데 세월호 참사, 가습기살균제 참사, 이태원 참사가 한국 사회를 강타했다. 20세기 유형의 시커먼 공해는 해결된 것 같았지만, 21세기에는 눈에 보이지 않는 미세먼지가 우리를 급습했다. 전 세계적인 현상이기는 하지만 코로나19 팬데믹이 몇 년 동안 국민들의 숨통을 조여왔다.

이런 재난은 자연재해가 아니라, 이윤 창출을 위해 기술의 위험을 무시한 결과(세월호, 가습기살균제), 우리 사회를 지탱하는 경제활동 그 자체가 낳은 부작용(미세먼지), 주택과 농지를 위해 동물의 서식지를 파괴한 인간의 탐욕이 낳은 재난(팬데믹)이다. 이런 재난은 '기술 재난technological disaster'이라고 범주화할 수 있는데, 앞의 사례에서 보듯이 대한민국 사회는 성취와 발전의 이면에 이런 기술 재난을 마치 거울에 비친 쌍둥이처럼 달고 다녔다.

이 책 『대한민국 재난의 탄생』은 21세기 한국의 기술 재난을 과학기술학Science and Technology Studies, STS의 시각에서 이해해 보려는 시도를 담았다. 과학기술학은 과학기술과 사회의 상호작용을 한층 더 깊이 이해하려는 학문 분야이며, 과학이나 기술이 특정한 사회적 맥락에서 사회적 요소들의 영향을 받아 구성construct되었다는 관점으로 과학기술을 이해한다. 또한 인간 행위자만이 아니라 비인간 행위자도 인간에게 특정한 방식으로 행동하게 하는 행위성을 가진다고 보면서, 인간 행위자와 비인간 행위자의 네트워크가 발휘하는 독특한 능력에 주목한다. 전자는 '사회구성주의social constructivism'의 입장이고, 후자는 '행위자 네트워크 이론actor-network theory'의 관점이다.

과학기술학의 관점은 과학기술의 발전만이 아니라 과학기술의 실패, 즉 기술 재난을 이해하는 데도 유용한 통찰을 제공할 수 있다. 행위자 네트워크 이론에 따르면, 모든 인간－비인간 행위자의 네트워크는 불안정하고 약하다. 이를 지속적이고 안정적으로 만들려면 네트워크를 돌보고 유지하는 표준화나 모니터링 같은 여러 형태의 노력이 필요하다. 처음에 사용할 때 괜찮았던 기술이라고 영구히 안전한 것은 아니다. 새로운 기술은, 특히 그것이 조금이라도 유해할 가능성이 있거나 위험한 기술일 경우에는 지속적으로 모니터링하고 주의를 기울여야 한다. 이런 관심이 부족하거나, 경제적 이익 추구 같은 다른 관심이 너무 커서 안전에 대한 관심이 상대적으로 줄어들 때 재난의 잠정적 조건이 형성된다. 여기에 사람의 사소한 실수 등이 결합하면 큰 사고나 재난으로 이어질 수 있다.

과학기술의 발전에서 어떤 사람은 이득을 보고 또 어떤 사람은 손해를 보듯이 과학기술은 중립적이지 않다. 과학기술의 가치중립성에 대한 비판은 과학기술학이 취하는 가장 기본적인 입장이기도 하다. 마찬가지로 과학기술의 실패도 중립적이지 않다. 자연 재난의 피해도 모든 사람이 공평하게 나눠 갖는 게 아니듯이, 더 취약한 계층이 기술 재난에 더 크게 노출되는 경우가 많다. 과학기술이 중립적이거나 공평하지 않다는 인식이나 이해도 기술 재난의 불평등을 이해하는 데 도움이 된다.

마지막으로 과학에 대한 과학기술학의 구성주의적 이해가 기술 재난에 대한 우리의 지식 그 자체에도 적용될 수 있다. 과학 지식에 확실성과 불확실성이 공존하듯이, 재난에 대한 우리의 이해에도 (그것이 아무리 전문적인 지식일지라도) 확실성과 불확실성이 존재한다. 우리는 재난을 다시 반복할 수 없고 재난을 대상으로 실험을 할 수도 없다. 기본적으로 재연되지 않는 상황에 대한 이해는 수학적 확실성과 같은 확실성과는 거리가 있다. 재난의 원인에 대해 한 점 의혹도 없는 설명을 추구하는 경향은 거꾸로 음모론을 낳기 쉽다. 기존의 설명에 작은 문제나 미흡한 점이 있다면, 거대한 음모를 도입해 이를 메꾸려 하기 때문이다. 이렇게 과학기술학은 재난 조사 활동이나 재난 보고서 작성을 성찰적으로 투영할 수 있는 창을 제공한다.

　이 책은 총 세 개의 부로 나뉘어 있다. 1부는 21세기 한국에서 가장 가슴 아픈 재난인 세월호 참사와 가습기살균제 참사를 다룬다. 구재령은 1장 「왜 세월호 참사에서 해경은 적극적으로 구조하지 않았을까」에서 인간 행위자만이 아니라, 해경, 어선, 어업지도선 각각을 인간과 기술이 합쳐진 인간-비인간의 집합체로 이해하고 그 특성을 파악한다. 구재령은 이런 분석이 왜 해경이 구조에 소극적이었는지 이해할 수 있게 해준다고 해석한다. 2장 「대규모 재난 통신 네트워크는 어떻게 실패했는가」에서 장신혜는 세월호 참사 당일에 여러 통신 네트워크가 왜 충분히 효과적으로 작동하지 못했는지 분석한다. 특히, 일상의 업무를 돕는 다분화되고 수직적인 통신 체계가 재난 시에는 큰 문제를 야기할 수 있기 때문에 구조 현장이 구심점이 되는 재난 통신 체계가 마련되어야 한다고 주장한다. 박진영은 3장 「덜 알려진 재난」에서 CMIT/MIT 가습기살균제 재판에서 제조사에 무죄를 선고한 사법부의 입장을 비판적으로 검토하면서, 법적 판결을 통해서만 재난의 책임을 지우고 해결하려는 방식에 관해 재고할 필요가 있다고 제안한다. 기술 재난에서 과학적 확실성을 찾고 원인과 결과를 규명하는 일과 재난의 해결이나 종결을 위한 사회적 실천은 구분될 필요가 있다는 것이다.

　2부는 재난조사위원회의 활동과 재난 보고서 집필처럼 재난을 돌이켜 보면서 성찰하는 활동을 다시 분석한다. 박상은은 4장 「실패로부터 배우기」에서 원인 규명, 책임 배분, 교훈 도출, 공동의 기억 구성을 재난 조사의 역할로 규정한 후, 세월호 참사 조사가 침몰의 원인 규명에만 집중하는 기술적 조사로 한정되면서 어떻게 이 역할을 다하는

데 실패했는지 설명한다. 그럼에도 조직적·구조적 원인을 파악하기 위한 재난 조사의 도전은 계속되어야 한다는 것이 박상은의 주장이다. '세월호 선체조사위원회(선조위)' 종합 보고서와 '가습기살균제사건과 4·16세월호참사특별조사위원회(또는 사회적참사특별조사위원회, 혹은 '사참위)' 종합 보고서의 집필에 직접 참여한 전치형은 5장 「재난 보고서, 이렇게 쓰면 되는 걸까」에서 참사 보고서의 집필이 직면하는 여러 가지 딜레마를 성찰하면서, 과학기술학자로서 재난 보고서의 집필 경험에서 얻은 고민과 함께 미래의 재난 조사 보고서가 담아야 할 중요한 내용에 대해 천착한다.

　　3부는 미세먼지와 팬데믹을 주제로 한다. 어떤 의미에서 둘 다 현재 진행형인 재난이다. 김주희의 6장 「미세먼지 재난, 법정에 서다」는 미세먼지와 관련된 논쟁과 법정 공방을 다루면서, 어떤 데이터가 선택되는가가 책임의 문제를 할당하는 데 중요한 역할을 한다고 말한다. 덧붙여 김주희는 법정이 '근대적'인 제도인 데 반해 미세먼지라는 재난은 근대적 제도가 다루기 힘든 '혼종적' 성격을 지니고 있다는 사실을 강조한다. 장하원은 7장 「재난 소통을 통해 본 코로나19 팬데믹」에서 재난으로서의 팬데믹의 특징을 드러내는데, 특히 코로나19 팬데믹이 시기, 국가, 정책, 사회·문화적 조건, 계층에 따라 재난의 양상이 상당히 다르게 진행되었다는 사실을 강조한다. 이 차이가 사회적 갈등을 심화시키기도 했는데, 이런 의미에서 하나의 팬데믹이 사람들에게 각자 다른 재난으로 다가왔다. 마지막으로 8장 「익숙함에 기대어 새로운 재난을 극복하기」를 집필한 황정하는 도저히 극복할 수 없을 것 같던 코로나19 팬데믹이 어떻게 일상적인 재난으로 받아들여졌는지 분석하고 있다. 여기서는 오미크론 바이러스가 계절독감과 큰 차이가 없다는 레토릭이 중요한 역할을 했다는 사실을 보이면서, 재난의 상이 유례가 없는 것에서 익숙한 것으로 바뀌는 과정을 살펴본다.

마지막 보론인 9장 「한국의 기술 재난과 음모론」에서 홍성욱은 자연 재난에 비해 기술 재난이 음모론이 제기되는 경우가 더 흔하다는 점을 지적하면서, 세월호 참사와 관련된 음모론의 등장 배경, 영화 〈그날, 바다〉에서 보이는 음모론의 성격과 특징에 관해 논한다. 재난 음모론의 특징은 재난의 원인을 구조적인 차원에서 찾기보다, 재난의 배후에 거대한 권력의 존재를 상정한다는 것이다. 또 다른 특징은 어떤 우연이나 불확실성도 인정하지 않고, 재난의 모든 과정을 원인-결과의 기계적인 조합으로 설명하려고 한다는 점이다. 앞서 말했듯이 재난 조사의 경우에는 이런 완벽한 이해가 가능하지 않은 경우가 많은데, 이런 상황에서 한 점의 불확실성도 없이 재난을 이해하려는 시도는 음모론을 낳기 십상이다.

이처럼 이 책에 실린 아홉 편의 글은 21세기 대한민국의 기술 재난에 초점을 맞추고 있다. 다만 모든 주제를 다 포괄하는 것은 아니다. 예를 들어, 정부에 의해 재난으로 선포된 2022년 10월 카카오톡 먹통 사태, 2022년 10월 29일에 발생한 이태원 참사, 2023년 여름의 오송 지하도 참사 같은 사례는 이 책에 포함되지 않았다. 159명의 엄청난 사망자를 낸 이태원 참사는 1년이 지나면서 생존자들의 증언과 약간의 분석이 나오고 있다. 하지만 국립과학수사연구소의 시뮬레이션 분석 자료 등이 충분히 공개되지 않고 특별법 제정이 이루어지지 않아 이 참사에 관한 학술적 연구 성과는 거의 없다. 유가족은 아직 참사가 충분히 규명되지 않았다고 생각한다.

　재난에 대한 이해는 그저 특정 주제에 대한 학문적인 분석에 그치는 것이 아니다. 재난 연구는 과거보다는 현재, 현재보다는 미래를 바라보고 있다. 재난 연구는 재난의 슬픔을 함께 나누는 사회, 재난 이후에 공동체 구성원의 연대가 더 강화되는 사회, 결국 아픔을 딛고 조금 더 안전한 세상을 지향하는 사회를 바라고, 이를 위해 힘을 더하려는 노력의 일부다. 이 책이 기술 재난에 대한 사회적·학술적 관심을 낳고, 우리 사회를 안전하게 만드는 데 조금이라도 기여하기를 바라는 것이 저자들의 공통된 바람이다.

2024년 2월 홍성욱
저자들을 대표하여

차례

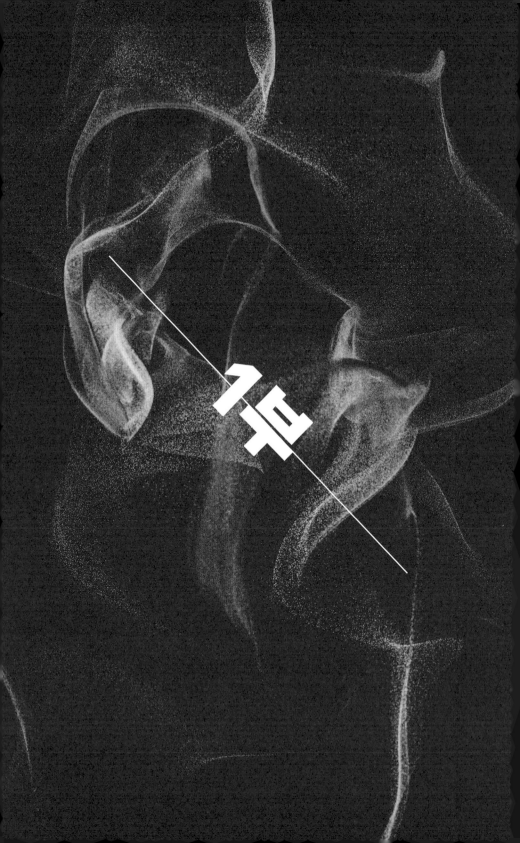

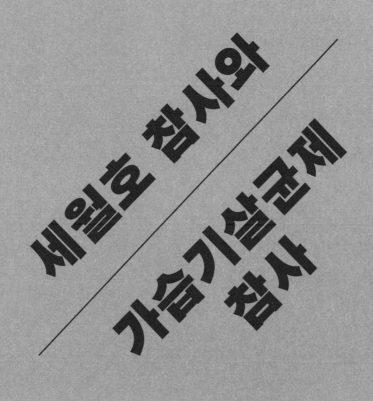

1

왜 세월호 재난에서 해경은 적극적으로 구조하지 않았을까

: 인간-기술 집합체로서의 해경, 어선, 어업지도선 비교

구재령

서울대학교 과학학과 박사 과정

이건 구조를 하러 간 것이 아니라 거의 취재를 하러 가거나 구경을 하러 간 정도로밖에 보이지 않습니다. 아니면 이 사람들이 무엇을 해야 할지 아무런 생각이 없었던 것 같습니다.

_황인 광주소방안전본부 감찰조정관(광주지방검찰청, 2014. 8. 7.)

1. 해경은 선원 편, 어선은 승객 편

2014년 4월 16일 오전 8시 49분, 단원고 학생들을 포함한 승객 및 선원 476명을 태우고 제주도로 향하던 여객선 세월호가 좌현으로 급격히 기울기 시작했다. 55분부터는 속도를 잃고 표류했다. 목포해경은 당시 사고 해역과 가장 가까이 있던 연안 경비함정 123정에 출동 명령을 내렸다. 당시 123정은 정장 김경일을 포함한 대원 10명과 의경 세

명을 태우고 22킬로미터 떨어진 곳에서 경비 업무를 보고 있었다. 서해해경청은 123정을 현장지휘함OSC으로 지정했다. 123정은 9시 35분경 현장에 도착해, 세월호가 50도 정도 기울었지만 갑판이나 바다에 사람이 하나도 보이지 않는다고 해경 상황실에 보고했다. 그러고는 여객선에 가까이 다가가는 대신 200~300미터 떨어진 곳에서 고무보트를 내렸다. 고무보트는 세월호 좌현 중앙부에 다가가서 기관부 선원 일곱 명을 태웠다. 이어서 123정 함정도 세월호 조타실 옆의 윙브리지에 배를 대고 이준석 선장을 비롯한 조타실 선원들을 태운 뒤 다시 물러났다. 몇 분 후에는 마지막으로 다시 접안해 3층 객실 유리창을 깨고 여섯 명을 구했다. 그런 다음 10시 30분경 세월호가 수면 아래로 침몰할 때까지 멀찍이 떨어져 다른 배들이 태워 오는 사람만 인계받았다. 현장에 도착하고 약 한 시간 동안 123정 함정이 세월호에 접안한 시간은 단 9분밖에 되지 않았다.

민간 어선과 어업지도선은 달랐다. 우선 9시 50분경 근처에 있던 4.5톤의 소형 어선 에이스호가 현장에 도착했고, 그 뒤로도 계속해서 사고 소식을 전달받은 드래곤에이스11호, 피시헌터호, 태선호를 비롯한 민간 어선, 그리고 어업지도선 전남201호와 전남207호의 고속단정들까지 30여 척이 도착했다. 이들 일부는 세월호 외벽에 바짝 배를 대고 여객선에 바닷물이 차오르는 긴박한 상황에서 빠져나오는 사람들을 건져 올렸다. 전남201호 지도원은 직접 밧줄을 들고 선미 쪽 갑판에 올라가 탈출을 돕기도 했다. 이렇게 어선과 어업지도선은 마지막까지 여객선 곁에 남아 승객 58명을 구조했고, 세월호가 가라앉기 직전 10분 동안은 해경보다 더 많은 승객을 살렸다.

국민의 생명을 지키는 것이 사명인 해경은 겨우 선장과 선원을 구조한 뒤 한참을 꾸물댔고, 오히려 민간 어선과 어업지도선이 기꺼이 몸을 던져 많은 학생과 일반 승객을 구해냈다는 사실은 많은 국민을 혼란에 빠뜨렸다. 구조 직후 KBS 뉴스와의 인터뷰에서 한 생존자는 "현지 주민, 어선들이 많이 도와줬고 그 사람들이 거의 다 구출한 것"이라고 주장했다. 마지막까지 학생들을 구조하다가 탈출한 생존자 김성묵도 몇 년 뒤 "당시 해경은 우리를 구조할 생각도, 능력도 없었던 것 같다"라고 회상했다(옥기원, 2017. 4. 14). 언론 또한 해경과 어선을 비교하며 해경의 무능함을 맹비난했다. 《노컷뉴스》는 어업지도선과 민간 어선들이 세월호에 달라붙어 "정신이 없이" 승객을 구조하던 와중에 해경은 "선장과 선원들을 물에 젖지 않게 구조하느라 애썼다"라며 비꼬았다(김진오, 2014. 4. 30.). 《아시아경제》는 해경이 선원을 "1순위"로 태우느라 바쁜 가운데 승객은 "어부의 통통배"가 구조했다고 꼬집었다 (《아시아경제》 온라인이슈팀, 2014. 4. 24.).

왜 사고 현장에서 해경과 어선 및 어업지도선은 이토록 상반되는 태도로 구조에 임했을까? 당시 출동했던 해경 대원들만 특히 무능하고 나태했다고 추단할 수도 있지만, 충분히 만족스러운 설명은 되지 않는다. 단순히 사람만 봐서는 왜 해경이 소극적으로 구조했는지 완전히 이해할 수 없다. 이 글은 당시의 해경, 어선, 어업지도선 각각을 인간과 사물이 결합한 인간–비인간 집합체의 단위에서 파악해야 한다고 주장한다. 인간은 늘 주변의 도구, 기술, 환경과 연결된 상태로 생각하고 행동하기 때문이다.

2. 브뤼노 라투르의 인간-비인간 집합체

지금까지 해경의 미온적인 구조 태도에 대한 전문가들의 평가는 인간과 기술 중 한쪽의 결함을 부각하는 방식을 취했다. 우선 인간 개개인의 과실이나 조직의 구조적인 문제에 주목하는 설명이 있었다. 예를 들어, 광주고등법원은 123정 김경일 정장이 "눈앞에 보이는 사람들을 건져 올리도록 지시했을 뿐 많은 승객이 [세월호]를 빠져나오지 못했다는 사실을 알면서도 승객들의 퇴선 유도를 위한 적극적인 조치를 이행하지 않았다"라고 지적했다. "[김경일]의 구조 지휘 내용은 훈련받지 않은 일반 어선이나 민간인과 다를 바 없었다"라는 것이다. 법원은 김경일에게 업무상과실치사의 책임을 물어 징역 3년형을 선고했다(광주고등법원, 2015. 7. 14.). 세월호 특별조사위원회 조사관들은 123정 외에도 지휘부의 무능력한 대처를 지목했다. 해경 본청, 서해청, 목포청은 현장의 긴박한 상황에 대해 전해 들었지만 우왕좌왕하며 서로에게 책임을 위임하느라 적절한 지시를 내리지 못했다는 것이다(세월호특조위 조사관 모임, 2017). 해경 전체를 향한 비판도 있었다. 사건이 발생한 지 34일 만에 박근혜 대통령은 해경이 "본연의 임무를 다하지 못했다"라며 해경을 해체하겠다고 전격 선언했다. 출범한 이래 "구조·구난 업무는 사실상 등한시하고, 수사와 외형적인 성장에 집중하는 구조적인 문제가 지속되어 왔다"라는 것이 이유였다(정책브리핑, 2014. 5. 19.).

반면, 구조에 사용된 장치의 결함을 강조하는 접근도 있었다. 대표적으로 김성원 연구원은 세월호 재난을 다루는 기존 문헌이 인간 행위자에 경도되어 있었다고 지적하며, 당시 동원된 재난 통신 기술에 주목한다. 김성원은 1999년 국내에 '전 세계 해상조난 및 안전제도GMDSS'가

도입되면서 통신 체계가 복잡해지고 분화되었다고 주장한다. GMDSS에 규정된 기준에 따라 통신 장치를 장착한 선박과 그렇지 않은 선박이 공존하게 되면서 지상파 통신, 위성 통신, 재난 경보 통신 등 여러 비동질적인 기술이 뒤섞이고 선박 간 소통이 어려워졌다는 것이다. 나아가 선박들은 새로운 통신 장치에서도 운용이 까다로운 기능보다는 익숙한 기존 기능만 사용하는 경향을 보였다. 이런 배경에서 재난 당일 세월호는 '디지털 선택 호출DSC' 버튼으로 조난 통보를 발신할 수 있었는데도 그렇게 하지 않았다. 또한 진도VTS는 세월호, 123정, 해경 지휘부, 어선을 매개할 수 있는 통신 설비를 모두 갖추고 있었지만 이를 활용해 교신 내용을 충분히 공유하지 않았다(김성원, 2021).

사람과 기술을 따로 떼어놓고 보면 왜 해경, 어선, 어업지도선이 그리 대비되는 태도를 보였는지 파악하기 어렵다. 정말 해경은 무책임해 구조 의지가 없었고, 어민과 어업지도원은 특별히 용감해서 사고 현장에 뛰어들었을까? 물론 후자의 공로는 두고두고 칭찬해야 마땅하다. 그러나 한쪽은 악마화하고 다른 쪽은 영웅화하는 이원론적 구도는 너무 단순할뿐더러 장기적인 문제 해결에도 도움이 되지 않는다. 통신 기술의 결함을 꼭 집어 원인으로 삼는 설명도 충분히 납득되지 않는다. 만약 세월호와 해경 간의 교신이 더 신속하게, 더 높은 음질로 이루어져 123정이 현장에 5분 더 일찍 도착했더라면 많은 승객을 탈출시켰을까? 쉽사리 그렇게 상상되지는 않는다. 세월호 재난에서 장애가 된 것은 통신 기술이 아니었다. 이미 123정이 현장에 도착하기 전에 해경 지휘부는 헬기로부터 승객 대부분이 배에 있다고 보고받았지만, 선내에 진입하거나 방송을 해서 승객 탈출을 유도하라는 지시를 내리지 않았다. 특정 인물이나 장치에 파고들면 얼마든지 결함을 드러낼 수 있겠지만, 사람과 장치가 함께 만들어 내는 총체적인 효과는 간과하게 된다.

이 글은 인간이나 기술 하나에 집중하는 대신 인간-비인간 집합체collective를 분석 단위로 삼아 해경과 민간 어선을 비교한다. 이를 위해 브뤼노 라투르Bruno Latour의 '인간-기술 대칭성' 개념, 그리고 심리학의 '체화된 인지embodied cognition' 개념을 차용한다. 라투르의 대칭성 개념은 인간이 기술을 지배한다는 관념과, 역으로 기술이 인간 사회의 발전을 결정짓는다는 관념, 즉 인간 중심주의와 기술 결정론 모두를 탈피하려는 시도다. 그 대신 라투르는 인간과 비인간이 대칭적으로 능력과 성질을 주고받으며 집합체를 이루는 것으로 파악해야 한다고 역설한다. 라투르는 미국 내 총기 합법화 논쟁을 예시로 든다. 총기 소지 반대자들은 '총이 사람을 죽인다'라고 외친다. 반면, 총기 협회 지지자들은 '사람이 사람을 죽인다'라고 반발한다. 전자는 총의 성질이 멀쩡한 시민을 살인마로 만든다는 입장이고, 후자는 총이 이미 존재하던 인간의 의지를 매개하는 도구에 불과하다는 입장이다. 이에 대해 라투르는 시민과 총기가 만나 '시민-총' 내지 '총-시민'이라는 집합체이자 새로운 행위자가 된다는 대안적인 입장을 제시한다. 총을 쥔 시민은 인간 또는 총 그 자체로 환원될 수 없는 일종의 "하이브리드 행위자"라는 것이다(브뤼노 라투르, 2018).

라투르는 사람과 기술의 집합체에서 사람과 기술을 각각 따로 분리해 생각할 수 없는 주요 이유 두 가지를 제시한다. 첫째, 인간 행위자와 비인간 행위자의 결합은 제삼의 행위자를 낳고, 제삼의 행위자는 기존 행위자와는 다른 목적을 가지게 된다. 예를 들어, 누군가를 그저 다치게 하고 싶던 시민은 총을 손에 쥠으로써 누군가를 살해하고 싶어진다. 그러므로 행위의 책임 또한 이 제삼의 행위자에서 찾아야 한다. 둘째, 어느 행위자 1이 행위자 2와 행위자 3을 동원해 특정한 목적을 달성시킨다면, 이는 행위자 1만의 성취가 아니라 그 과정에 참여한 행위자 1, 2, 3 모두가 발생시킨 결과다. 행위자 1의 활동은 다른 행위자들에 의해 "허가되고, 정당화되고, 가능해지고, 제공되기" 때문이다. 따라서 라투르에 따르면 '인간, 우주에 가다'와 같은 기사 제목은 잘못된 표현이다. 우주에 가는 행위는 우주선, 발사체, 발사대와 같은 각종 존재자가 연합된 결과이지, 그저 인간만의 성취가 아니기 때문이다(브뤼노 라투르, 2018).

라투르의 대칭성 개념에서 상대적으로 부족한 심리적 차원은 체화된 인지 이론을 통해 보완될 수 있다. 전통적인 인지과학이 인간의 인지를 오로지 뇌에서 일어나는 추상적인 정보 처리 과정으로 파악한다면, 체화된 인지 이론은 인간의 신체와 감각기관, 몸이 놓인 물질적인 환경을 함께 고려한다. 사람은 가만히 서서 머리만 굴리는 대신, 고개와 팔다리를 이리저리 움직이고 제한된 감각 정보를 수집하며 저마다 독특하게 주변 상황을 인식한다는 것이다. 또한 그때그때 접근 가능한 도구와 자원은 인지를 특정하게 방향 짓거나 확장시킨다. 예를 들어, 종이와 연필은 세 자리 수 곱셈을 훨씬 간단하게 만들어 준다. 이런 점에서 세계는 인간의 의지와 독립적으로 선재하는 게 아니라, 인지하는 주체와의 상호작용을 통해 매번 특수하게 '상연enact'된다고 말할 수 있다(Varela et al., 1991; Clark, Chalmers, 1998). 체화된 인지 이론은 인간과 비인간을 분리 불가능한 집합체로 본다는 점에서 라투르의 대칭성 개념과 공명한다. 앞서 보았듯이, 라투르는 인간과 비인간 기술이 밀접히 결합함으로써 새로운 능력과 목적을 지닌 제삼의 존재가 된다고 말하는데, 마찬가지로 체화된 인지 이론에서 사람의 마음은 뇌와 신체는 물론, 종이와 연필, 스마트폰 같은 인공물로 인해 변형된다. 대규모 재난 상황에서도, 현장에 출동한 구조 세력은 장비를 가지고 여기저기 옮겨다니고 만져보면서 문제를 파악하고 그에 대응한다.

3. 해경 123정의 강 건너 불구경

해양경찰청 조직이나 123정 대원들이 특별히 무능하거나 사명감이 없어서 구조에 소홀했다는 설명은 만족스럽지 못하다. 세월호 재난 직전까지 해경은 침몰, 좌초, 충돌, 화재 등으로 인한 다양한 해양 사고에서 인명 구조에 앞장섰다. 2006년과 2013년 사이 매년 800~2,000건의 해양 사고가 발생했는데, 해경은 모든 해에 98% 이상의 인명 구조율을 달성했다(해양경찰청, 2014). 2010년 크리스마스에는 악천후 속에서 화물선이 완전히 전복되는 사건이 일어났다. 인근을 지나던 해경 경비함 3009함은 고무보트를 내리고 바람과 파도를 뚫고 접근해 뒤집힌 배 밑바닥에 아슬아슬하게 올라타 있던 15명의 선원을 모두 구조했다. 이 활약으로 3009함은 국제해사기구IMO로부터 '바다의 의인상'을 수상하기도 했다(해양경찰청, 2013). 물론 세월호 재난에서 해경이 최선을 다했다고 옹호하려는 의도는 없다. 다만, 단순히 개개인의 역량이나 인격에 매몰되어 비판하면 당시 이들이 처해 있던 물리적인 조건을 보지 못하게 된다.

세월호 구조에서 해경의 대처에 관해 많은 사람이 답답함을 호

소하는 부분은 왜 승객의 탈출을 유도하지 않았느냐다. 사고 시점 해경이 채택할 수 있는 탈출 방법은 적어도 세 가지가 있었다. 첫째는 123정에 구비된 확성기를 사용해 승객들로 하여금 갑판에 나오거나 구명조끼를 입고 바다에 뛰어들도록 대공 방송을 하는 것, 둘째는 구조대원이 세월호 여객 안내실에 진입해 퇴선 방송을 진행하는 것, 마지막은 구조한 선원들과 함께 선내에 들어가서 직접 승객들을 밖으로 인도하는 대안이었다. 그러나 123정은 이 중 어느 조치도 지시하거나 시도하지 않았다. 123정의 이형래 병기팀장이 세월호 3층 중앙부 갑판으로 올라가 난간을 밟고 5층까지 이동하긴 했지만, 이는 구명벌(물 위에서 자동으로 팽창하는 인명 구조용 뗏목)을 펼쳐 빠져나오는 승객을 태우려는 것이었지 퇴선을 유도하려는 것은 아니었다. 승객 모두를 살릴 수 있는 '골든아워'를 허무하게 날려버린 것이다.

1) 임무는 익수자 구조

세월호 재난에서 해경의 소극적인 대응을 조금이나마 이해하기 위해서는 123정이 '익수자 구조'라는 목적으로 함정을 특수하게 무장시킨 양상을 따져볼 필요가 있다. 그에 앞서 123정 대원들이 과거에 받은 훈련과 경험으로 추적해 올라가 보자. 평소 123정의 주된 업무는 불법 어업 단속이었고, 대원들은 서해청 단위로 매년 인명 구조 훈련을 받았지만 승객 퇴선을 배운 적은 없었다. 이들의 훈련은 바다에 사람이 빠진 것을 전제로 했다. 주로 바다에 구명환을 던져 사람을 끌어 올리고, 표류하는 익수자를 수색하고, 익수자를 건져서 심폐소생술을 행하는 것을 훈련했다. 정장 김경일조차도 훈련에서 현장지휘관의 임무

를 수행하기보다는 현장지휘관의 지시를 받아 익수자를 건지는 연습을
했다. 정장과 대원 모두 대형 여객선이 전복하거나 선내에 승객이 남
아 있는 상황을 접해보지도 상상해 보지도 못한 것이다.

　이런 형편에서 "350명이 탄 여객선이 침몰 중"이라며 출동 명령
을 받은 123정은 거의 자동으로 승객이 갑판이나 바다에 나와 있을 것
으로 예상했다. 따라서 현장을 향하면서 익수자를 구조한다는 목적으
로 구체적으로 채비했다. 구명환과 구명볼(물에 뜨는 인명 구조용 원형 기
구)의 고정 장치를 풀어 갑판에 내놓았고, 구명 사다리(2~3미터의 줄사다
리)를 선미에 묶어 고정했다. 또 구조로프를 만들었다. 구조로프는 선
박용 밧줄에 고무 충격 흡수 장치인 부이buoy나 구명조끼를 길게 묶어
제작한 것으로, 바다에 사람이 많을 것으로 예상해 물에서 기다리는
동안 잡고 있게 할 용도였다. 익수자를 갑판으로 끌어 올리는 데 방해
가 되지 않도록 선수에 둘러져 있던 지주봉의 나사를 풀고 라이프라인
을 제거했다. 의경에게는 체온 보호용 모포와 이불을 준비하라고 지시
했다. 동시에 선미에 보관해 놓은 고무보트를 물에 띄우기 위해 준비
시켰다. 고무보트를 덮고 있는 천막을 제거하고 공기와 연료유를 보충
하는 일이었다. 123정이 이렇게 재정비했다는 사실은 당시 하늘에서
세월호 주위를 촬영한 해경 항공기 B703의 영상 기록에서 대부분 확인
할 수 있다. 추후 한 검사는 123정의 대원들이 "구체적 지시" 없이 "각
자 우왕좌왕하면서 생각나는 대로 구조 준비를 한 것으로 보인다"라고
평가했다(광주지방검찰청, 2014. 6. 4. A). 그러나 익수자 구조라는 목적에
비추어 본다면 오히려 이들의 작업은 꼼꼼하고 체계적인 편이었다.

　물에 빠진 사람들을 구할 준비를 완료하고 세월호 현장에 다다른

123정은 예상과 완전히 다른 광경을 마주했다. 전기팀장 박상욱은 "도착하기 전까지만 해도 사람들이 물 위에 떠다니고 있을 것이라고 생각했는데, 나와 있는 사람이 아무도 없어서 당황했다"라고 회고했다(광주지방검찰청, 2014. 6. 4. B). 이들이 "준비해 간 인명구조용 구명환, 구명볼, 구조로프, 구명벌 등은 다 무용지물인 상황"이 된 것이다(광주지방검찰청, 2014. 6. 4. A). 대원들에게 이런 사건은 평생 단 한 번도 겪어보지 못한 것이었다.

해경 대원들은 구조 전략을 재빨리 수정하는 대신 매우 당황하며 원래 계획에 끈질기게 매달렸다. 가장 먼저 고무보트를 바다에 하강시켰는데, 일고여덟 명은 승선할 수 있는 배였음에도 불구하고 두 명의 최소 인원만 승선해 세월호에 접근했다. 나머지 공간에 익수자를 최대한 많이 태우기 위함이었다. 이 둘은 평소에도 고무보트 조종을 맡았고 변사체를 인양하는 것과 같이 '끌어 올리는' 작업에 능숙한 대원들이었다. 보트로 세월호 좌현 중앙부에 접근하니 3층 객실 외부 통로에 사람들이 나와 있는 것이 보였다. 이때 보트를 조종하던 김용기는 "승객들이 이제 나오기 시작하나 보다"라고 어림짐작했고(광주지방검찰청, 2014. 6. 4. C), 지켜보던 김경일 정장 또한 "아, 이제 우리가 왔으니까 [승객이 알아서] 나오겠다"라고 섣불리 판단했다(4·16세월호참사 특별조사위원회, 2016. 3.). 본청과의 첫 통화에서도 김경일은 "사람이 하나도 안 보인다"라며 당황한 어조로 되풀이하다가, 승객이 몇몇 보이기 시작하자 "간간이 보이는" 이들을 "단정(보트)으로 구해야 할 것 같다"라고 보고하는 데 그쳤다.

이처럼 123정이 눈앞의 장면을 자기 좋을 대로 해석하고 전략을 수정하지 못한 데는 손에 쥔 도구들이 한몫했다. 익수자 구조를 위해 마련해 놓은 도구들이 실제 상황과 일치하지 않자 다음으로 어떤 행동을 취할지 좀처럼 종잡지 못한 것이다. 이는 123정에서 휴대전화로 직접 촬영한 동영상에서 잘 드러난다. 123정이 세월호 조타실 옆에서 선장과 선원을 구조하는 악명 높은 장면을 보자. 123정 선수에서 한 대원이 급하게 달려온 대원으로부터 노란색 부이가 묶인 구조로프를 건네받는다. 이것을 손에 받아 들고는 전혀 사용하지 못한 채 갈팡질팡하다가 다시 갑판에 내려놓는다. 당연한 일이다. 바다에 빠진 사람에게 잡게 하려고 부이를 묶어 구조로프를 제작한 것인데, 배끼리 접안해 사람을 옮겨 태울 때는 전혀 쓸모가 없었기 때문이다.

만약 123정과 고무보트가 다른 방식으로 채비했다면 어땠을까? 다음의 시나리오를 상상해 보자. 세월호에 더 수월하게 접안할 수 있도록 충격 흡수 장치인 펜더를 선체 가장자리에 설치하고, 원거리에서 밧줄을 잡을 수 있도록 보트 후크를 준비해 놓고, 객실 유리창을 깨는 용도로 망치를 미리 꺼내놓는 것이다. 더불어 구명보트에는 선내에 진입할 수 있는 여러 명의 대원과 밧줄 같은 구조 장비를 더 실을 수 있겠다. 그랬다면 해경은 인간-기술 집합체로서 사뭇 다르게 현장과 상호 작용했을 것이다. 그러나 현실은 참담했다. 이들은 펜더를 뒤늦게야 설치했고 고무보트에는 단 두 명의 대원만 태웠다. 3층 객실 유리창을 깰 때는 망치가 없어서 나사를 풀어놓은 지주봉으로 내려쳤지만 금도 가지 않았다. 기관장이 갑판의 기구 보관함에서 망치를 꺼내 오자 그제야 창을 깰 수 있었다. 미리 준비해 놓은 모든 장비가 실제의 요구들과 계속 어긋났던 것이다. 다만, 여전히 해소되지 않는 의문이 있다.

왜 123정은 대부분의 시간을 세월호에서 멀찍이 떨어져 허비했을까?

2) 충돌과 와류 현상

123정 외에도 10시 전후로 구조 요청을 받고 달려온 어선, 어업지도선, 행정선 30여 척이 세월호 주위로 몰렸다. 그러나 모두가 세월호에 가까이 붙은 것은 아니었다. 사실 이들 중 선체로부터 승객을 직접 건진 배는 소수에 불과했다. 대표적으로 123정 고무보트와 전남201호와 전남207호의 고속단정, 그리고 민간 어선 피시헌터호와 태선호가 선미와 우현에서 승객들을 구조했다. 10시 20분경 세월호가 완전히 전복하기 직전에는 우현 난간이 수면에 닿으면서 많은 승객이 우르르 바다에 뛰어들었다. 123정 고무보트와 소형 배들은 마지막으로 뛰어든 이들 승객을 끌어 올렸다. 반면, 이 시간 동안 123정 함정은 뭘 하고 있었을까? 123정은 대부분의 시간을 멀리 떨어져 승객을 인계받으며 9시 45분과 10시 6분에 단 두 번 짧게 접안하는 데 그쳤다. 멀리서 "어선들에 편승해. 어선들에 편승시키라고"라고 외치기도 했는데, 고무보트에 많이 태울 수 없으니 승객을 옆의 어선으로 옮겨 태우라는 의미였다(김도연, 2021. 4. 24.).

123정을 비롯해 100톤 이상의 선박은 모두 세월호에 밀접히 붙지 않았다. 우선 123정은 길이 32미터, 폭 6미터의 100톤급 함정으로 해경에서는 소형 함정에 속했지만, 세월호에 계속 가까이 붙은 배들보다는 몇십 배 더 크고 무거웠다. 현장에 최초로 도착한 2,720톤 유조선 둘라에이스호는 그보다 더 컸다. 정유 작업을 마치고 울산을 향하던 둘라에이스호는 레이더로 가까이 있던 세월호가 급변침하는 것을 최초로 목격했고, 몇 분 뒤 9시 4분에 진도VTS에게 구조 협조 요청을 받았다. 약 4킬로미터 떨어진 곳에서 곧바로 달려온 둘라에이스호의 문예식 선장은 선원 여덟아홉 명에게 구조 준비를 시키고, 승객들이 탈출하면 구명환을 던지거나 구명벌을 이용해 끌어 올릴 계획을 세웠다. 그러나 알다시피 퇴선 유도는 이뤄지지 않았고, 둘라에이스호는 200~300미터 정도 떨어져 선회하며 세월호가 침몰할 때까지 머무는 동안 단 한 명도 끌어 올리지 못했다.

인간-선박 집합체로서 움직이던 123정은 두 가지 이유로 세월호에 가까이 다가가지 않았는데, 첫째는 물리적 충돌에 대한 염려였다. 123정 이형래는 "세월호가 기울어져 있는 상태라서 배를 가까이 대면 서로 부딪히기 때문에 선체 중간으로는 배를 붙일 수가 없었다"라고 해명했다(광주지방검찰청, 2014. 6. 4. A). 123정 부장 김종인은 어선과 123정 함정은 차이가 있다고 설명했다. 함정은 "기동성이 둔하고 흘수선이 깊고 선수 모양이 뾰족하기 때문에 접안이 쉽지 않아서" 오히려 "구조 활동에 방해가 될 것" 같다고 생각했다. 그나마 접안이 가능한 곳이 조타실 부근의 튀어나온 난간이었다. 김종인은 그때의 기울기에서 세월호와 123정의 선체가 만났을 때 "어느 쪽도 눌리지 않고 계류할 수 있는 가장 적합한 장소가 조타실 쪽이었다"라고 설명했다(광주지방검찰청, 2014. 4. 16. D). 물론 해경의 모든 변명을 곧이곧대로 신뢰할 수는 없다. 다만, 같은 시각 둘라에이스호도 충돌을 걱정했다는 것을 알 수 있다. 당시 둘라에이스호 문예식 선장은 VHF를 통해 세월호에 "어롱사이드alongside"할 수 없다고 진도VTS에 교신했는데, 이는 세월호에 뱃전을 댈 수 없다는 뜻이었다. 이후 문예식의 증언에 따르면 "어롱사이드

하려면 세월호에서 줄도 잡아줘야 하고, 서로 접촉·분리·보강하는 사전 작업이 필요"한데, "아무런 보강 시설도 없이 경사지고 움직이는 배"에 무턱대고 계류를 시도할 수 없었기 때문이다. 특히 둘라에이스호에는 선장을 포함해 12명의 승조원이 탑승해 있었고 경유를 가득 적재하고 있었기 때문에 선장은 독자적으로 판단해 결정할 수 없었다(광주지방법원, 2014. 8. 20. A). 실제로 그때 구조 요청을 받은 대형 선박들은 어차피 현장에 가도 도움이 되지 못한다고 생각했다. 예를 들어, 진도VTS와 교신한 메가패션호는 "침몰 세월호 근방 주위에 굉장히 선박들이 많이 있는데 저희가 대형선이 돼가지고 접근이 불가능할 것 같다"라고 말했다. 그럼에도 진도VTS가 "승객들이 너무 많으니" 꼭 가달라고 부탁하니까 "상황 보면서 대기는 하겠다"라고 대답했다(진도VTS, 2014. 4. 16.).

둘째로, 123정은 세월호 주변의 와류渦流 현상에 대한 위험을 과대 평가했다. 와류 현상은 큰 배가 침몰할 때 소용돌이를 발생시켜 주변의 물을 빨아들이는 현상을 가리킨다. 선박 사고 대피 요령에 따르면, 가라앉는 배에서 바다에 성급히 뛰어들면 안 되고 만약 뛰어내렸다면 배에서 최대한 멀리 떨어져야 한다. 당시 123정도 세월호가 빠른 속도로 기울고 있었던 만큼 같이 물속에 잠길까 봐 두려워했던 것으로 보인다. 박상욱은 정장이 그렇게 조타한 이유는 모르지만 아마 "잘못 접안했다가 침몰하는 배에 빨려 들어갈 것 같아서" 그런 것 같다고 말했다(광주지방검찰청, 2014. 6. 4. B). 전남201호의 박승기 지도원 또한 "세월호가 바닷속으로 잠기는 속도가 엄청 빨랐다", 그리고 "배가 침몰하면서 주변에 있는 것을 끌고 들어간다는 이야기가 있어" 123정이 접근하지 않았다고 추론했다(광주지방검찰청, 2014. 6. 2.).

해양 사고를 자주 접하는 해경에게 와류 현상은 위협으로 다가왔다. 세월호 이전에도 해경이 와류 현상의 위험을 인식했다는 기록이 있다. 2007년 중동 오만 근해에서 한국의 화물선이 침수로 침몰했을 때, 해경 관계자는 뉴스 인터뷰에서 와류 현상 때문에 "구명의를 입었더라도 배가 침몰하면서 빨려 들어가는 경우가" 있어 승선원 모두가 안전하게 퇴선했을지 확실하지 않다는 견해를 내놓았다(이율, 2007. 7. 12.). 세월호가 침몰한 병풍도 북방은 맹골수도와 함께 군산항, 팔미도, 백령도 같은 다른 주변 해역보다 조류가 빠른 해역이기 때문에 와류 현상의 위험이 더 컸다. 다만, 사실 사고가 난 시점에는 세월호 주변의 조류가 그리 빠르지 않았고 소용돌이가 생기지 않았다. 오전 9시경에는 조류의 방향이 바뀌고 있어 유속이 상대적으로 약했기 때문이다(광주지방검찰청, 2014. 8. 14.). 그러나 사후에 밝혀진 사실만을 가지고 당시 행위자들의 상황 판단을 소급적으로 평가할 수는 없다. 같은 장소에서도 물은 언제든지 갑작스럽게 파동이나 소용돌이를 일으킬 수 있는 가변성을 지니고 있고, 당시 123정은 수십 명의 승객을 인계받아 응급처치를 하고 있었기 때문에 선체를 아무 데나 들이밀 수 없었다. 중요한 점은 123정이 단지 인간으로서 사고하는 대신, 인간─선박 집합체로서 선박의 높이와 충돌 위험, 그리고 바다의 물리적 조건을 두루 인식하고 다소 과장했다는 것이다.

4. 어선과 어업지도선: 째내기 배의 활약

123정과 달리 어선과 어업지도선은 위험을 무릅쓰고 세월호로 과감히 뛰어들어 구조에 맹활약을 펼쳤다. 다만 이들의 경우에도 인간-선박 집합체를 행동의 단위로 파악한다면 현장의 상황을 더욱 생생하게 담을 수 있다. 앞서 언급하고 넘어갈 점은 어업 종사자들이 오랜 역사 동안 조난 등의 위기에 처한 다른 선박을 구조하는 일에 힘썼다는 것이다. 대표적인 사례로 서해훼리호 침몰 사고를 꼽을 수 있다. 1993년 10월 10일 악천후에서 정원을 초과해 무리하게 출항에 나선 서해훼리호는 임수도 부근에서 돌풍을 만났고, 출항지로 회항하려고 선수를 돌리다가 선체가 한쪽으로 쏠려 침몰했다. 선체가 순식간에 전복되었기 때문에 승객 대부분이 배에 갇혀 나오지 못했고, 선장은 급히 통신실로 뛰어들어 갔으나 구조를 요청하지 못하고 물살에 희생되었다. 엎친 데 덮친 격으로 갑판에 비치되어 있던 구명정 아홉 개 중 일곱 개는 작동하지 않았다. 서해훼리호에 탑승했던 승객 362명 중에서 그나마 70명이 생존할 수 있었던 것은 어선들 덕분이었다. 조난 현장 인근에서 조업 중이던 어선 선양호가 사고를 목격하고 해경에 신고했으며, 어선 동국호는 초단파 무선전화로 주변 어선들에게 도움을 요청했고 이 어선들이 현장에 달려와 함께 물에 빠진 사람들을 구한 것이었다. 반면, 해경 구조대는 신고한 지 30분이 지나서 출동했고 한 시간이 지나서야 현장에 도착한 탓에 주로 시신 수습 작업을 했다(김종길, 2004).

이후에도 어선들은 각종 해양 사고에서 숨은 조력자로 활약했다. 일단 1995년에 수상구조법이 개정되면서, 조난이 발생했을 때 그 부근을 항해하는 선박은 조난 선박이나 구조 본부에서 구조 요청을 받으면 "가능한 한 조난된 사람을 신속히 구조할 수 있도록 최대한 지원을 제공하여야" 하는 것으로 규정되었다. 아울러 어업인 지원 기관인 수협중앙회는 매년 구조 유공자들에게 표창을 수여하고 구조 활동으로 야기된 손실액을 지원하는 식으로 자발적인 구조 문화를 장려했다. 그러나 앞선 서해훼리호 사건에서도 알 수 있듯이 법이나 포상금 없이도 민간 어선들이 위기에 처할 때 서로를 돕는 암묵적인 문화가 일찍이 형성되어 있었다. 해양 사고 통계에 따르면, 2013년에 구조된 선박 1,014척 중 74%는 해경에 의해 구조되었지만, 약 8%는 어선에 의해 구조되었다(해양경찰청, 2014).

세월호 재난 당일에도 인근 어선들은 구조 요청을 받자마자 고민 없이 사고 해역을 향했다. 오전 9시 42분 어민들은 조도면 이장단장 정순배로부터 다음과 같은 문자 메시지를 받았다.

긴급 상황 맹골 근처 여객선 침몰 중 학생 500여 명 승선 어선 소유자 긴급 구조 요청 정순배.

피시헌터호 김현호 선장은 집에서 식사를 마치고 텔레비전을 보고 있었는데, 마침 방송 화면 아래에 진도 부근에서 여객선이 침몰하고 있다는 자막이 뜬 직후에 정순배의 문자가 날아왔다. 정순배는 한 번에 25명씩 총 250명의 조도면 어업 종사자에게 문자를 보내고 있었다. 평소 맹골수도의 조류가 빠르다는 점을 알고 있던 김현호는 기름통을 통째로 들고 피시헌터호로 뛰어가 배를 전속력으로 달렸다. 비슷한 시간 어선 태선호의 김준석 선장도 이웃 김대열을 태우고 서둘러 사고 해역을 향했다. 10시 조금 넘어 세월호에 도착한 피시헌터호와 태선호는, 배가 이미 75도 이상 기울어 1층과 2층 그리고 3층의 절반이 물속에 잠겨 있는 충격적인 장면과 마주했다. 김현호에 따르면, 세월호가 뒤집어지는 이 시점에 해경은 어선들의 접근을 막고 있었다.

> 123정이 '빵빵' 기적을 올리며 어선들을 못 가게 하드만. 그 큰 배랑 함께 넘어지면 위험항께. 그란디 넘어올라믄 시간이 좀 걸리겄고, 무엇보다 3층 복도 뒤쪽에 사람들이 매달려 있었어. 사람들이 빨리 나오면 살 거인디, 물이 무서워서 안 나오고 버티드만. 그래서 이물(뱃머리)을 그냥 무조건 들이대고 '빨리빨리 나오시오' 해서 끄잡아냈어. (최성진, 2014. 5. 25.)

빠르게 가라앉는 세월호에 배를 들이대고 승객들을 빼낸 것은 비단 어선만이 아니었다. 사고 이후 언론은 주로 해경과 민간 어선을 비교했는데, 그에 비해 주목받지 못한 어업지도선은 적어도 어선만큼 활약했다. 특히 구조에 앞장선 전남201호와 전남207호 소속의 고속단정들은 전남도청 수산자원과 소속으로 평소 어선들의 불법 어업을 단속하는 업무를 했다. 사고 당일 전남201호 고속단정은 갈명도 부근에서 불법 어업 단속을 하고 있다가 전남201호 본선으로부터 여객선이 침몰하고 있다는 구조 요청을 받았다. 어업지도원들은 곧바로 고속단정 최고 시속으로 달려갔다. 현장에서 전남201호와 전남207호의 두 고속단정은 우선 선미에서 난간에 매달려 있거나 바다에 뛰어든 승객들을 끌어 올렸다. 박승기 지도원은 밧줄을 들고 난간 위에 직접 올라타서 승객을 잡아주기도 했다. 고속단정에 정원이 다 차면 행정선 진도아리랑이나 어선을 오가며 구조한 승객들을 인계했다. 세월호가 완전히 전복하기 직전에는 우현 난간에서 승객들이 대거 바다로 뛰어들었는데 이

때도 가까이 붙어 어선들과 함께 끌어 올렸다(광주지방검찰청, 2014. 6. 2.; 박종면, 2016. 6. 2.).

왜 유독 123정 고무보트, 피시헌터호와 태선호, 어업지도선 고무단정들이 세월호에 적극적으로 접안했는가? 이들의 공통점은 모두 1~2톤의 작은 선외기船外機 배라는 점이었다. 엔진이 선체 밖으로 나와 있다는 의미를 가진 선외기 배는 흔히 '쌔내기'라고 불린다. 피시헌터호는 1.11톤의 쌔내기 어장관리선, 태선호는 1.05톤의 쌔내기 어선이었다. 전남201호 고속단정과 123정 고무보트는 이들보다도 더 작은 쌔내기였다. 10시 이후 세월호는 빠른 속도로 바닷속으로 잠기는 동시에 조류에 밀리고 있었는데, 이때 쌔내기 배에는 세월호에 다가가는 데 도움이 되는 두 가지 특징이 있었다. 첫째는 배가 작고 심深이 낮아서 수심이 낮은 곳에도 접근할 수 있다는 것이었다. 둘째는 방향을 조절할 때 선미의 방향타가 아니라 엔진 자체를 회전축 중심으로 움직여 추진 방향을 조정한다는 것이었다.

쌔내기 배는 세월호에 붙어 있으면서 사람을 태우고 기민하게 치고 빠지는 데 용이했다. 예를 들어, 123정 고무보트를 조종하던 김용기는 자신이 몰던 "고무보트나 작은 어선 등은 기동성이 있기 때문에 갑자기 생기는 와류 등에 빨리 대처할 수 있지만" 그에 반해 "123정의 경우에는 빠른 대처를 할 수 없어 위험하다고 판단해 뒤로 빠졌을 수는 있을 것 같다"라고 유추했다. 아울러 조류가 빨라서 "승객을 구조하면서 엔진을 끄지 못하고 계속 조종하면서 방향을 잡아줬어야 했다"라고 설명했다(광주지방검찰청, 2014. 6. 4. C). 해수면 밑으로 선체가 가라앉고 물의 흐름이 불안정한 상황에서, 쌔내기 배는 엔진을 켜놓고 조종사가 추진 방향을 실시간 조정해 가며 대응하기에 적합했던 것이다.

그에 반해 100톤 미만의 소형 선박이라도 엔진이 배 안에 설치되어 있는 선내기船内機 배들은 세월호에 접안하지 못했다. 세월호 선체가 잠겨서 수심이 낮고 헬리콥터 바람이 강한 상황에서 조타가 까다로웠기 때문이다. 예를 들어, 세 명의 어민을 태운 4.48톤 규모의 에이스호는 현장에 일찍 도착했지만, 세월호 옆에도 붙지 못하고 한 명의 승객도 태우지 못했다. 선장은 주변에 떠 있던 헬리콥터로 인한 바람이 강해서 여객선에 접근하면 바람에 밀려날 위험이 커 보였고, 특히 선내기 배는 조타가 어려워 접근하지 못했다고 진술했다. "헬기가 바로 위에 있어 조그마한 배인 일명 쌔내기, 엔진이 뒤에 달린 배들은 조타가 자유로우니까 접안할 수 있는데, 저희 배처럼 밑에 있는 스크루(프로펠러의 일종)로는 조타가 안 되니까 접안이 안 되어 구조에 참여하지 못했다"라는 것이다(광주지방법원, 2014. 8. 20. B). 에이스호 외에도 다른 선내기 배들은 주위에 계류하면서 안타까워하며 바라만 보았다. VTS와 교신하고 있던 한 어선은 충격에 질려 "넘어가 분다, 넘어가 부러여, 넘어가 부러"라며 한탄하기도 했다.

물론 쌔내기 배가 선내기에 비해 조타하기에 상대적으로 유리했다고 해도 이들에게 구조가 쉬운 것은 아니었다. 123정 고무보트에서는 대원이 "세월호 좌측 벽에 손을 대고 고무보트가 세월호 밑으로 빨려들어 가지 않도록 지지하고" 있었다(광주지방검찰청, 2014. 6. 4. C). 심지어 피시헌터호는 뱃머리가 세월호의 철제 난간에 걸려 뒤집어질 뻔했지만 급히 배를 빼낸 위기 상황이 있었다. 이후 선체 오른쪽 통로에서 승객들을 구출할 때는 유리창을 깨고 싶었지만 "배가 미끄러운 데다 망치나 쇠막대기 같은 게 없어서 그냥 바라만 볼" 수밖에 없었다. 사고 이후 선장들은 살려달라고 울부짖던 승객들이 자꾸 떠올라 괴로운 나날을 보냈다고 한다(최성진, 2014. 5. 25.).

5. 나가며

어선과 어업지도선이 앞장서서 승객을 살리는 와중에 해경이 구조를 포기한 것처럼 보이는 의아한 풍경은 온 국민을 적잖이 당황시켰다. 사람들은 왜 123정이 퇴선을 유도하지 않았는지, 왜 선원들만 구조하고 뒤로 빠졌는지, 왜 객실 유리창을 깨지 않았는지, 왜 어선들에게 물러나라고 했는지 의문을 제기하며 답답해했다. 혹시 해경이 고의로 침몰을 방치하거나 심지어 구조를 방해한 것은 아닌가? 이런 의혹들은 꼬리에 꼬리를 물고 이어져 '앵커 침몰설'이나 '박근혜 인신공양설'같이 누군가 배후에서 침몰을 지시했다는 음모론을 낳기도 했다.

인간만 떼어놓고 보면 해경의 대처가 전혀 납득되지 않는다. 그러나 인간과 비인간을 세계와 상호 작용하는 하나의 집합체로 간주하고 이로부터 인지와 행동이 발생한다고 생각하면 조금은 실마리가 잡힐지 모른다. 손에 총을 쥔 사람과 손에 칼을 쥔 사람은 상이한 존재다. 시위에 나설 때도, 시위자는 촛불을 들었는지 혹은 쇠파이프를 거머쥐었는지에 따라 완전히 다른 동작을 취하게 되는 것은 물론, 서로 다른 감정의 동요와 정체성을 느끼고 그에 부합하는 시위 문화를 형성하게 된다(김은성, 2022). 마찬가지로 밧줄을 쥔 구조대원은 망치를 든 구조대원과 다르며, 100톤급 함정을 타고 있는 대원은 고무보트를 타고 있는 대원과 다를 수밖에 없다. 이들은 각자 독특하게 사고 현장을 이해하고 전략을 세우며 특정 가능성이나 위험을 선택적으로 인식하고 때로는 왜곡한다. 익수자 구조라는 특수한 목적을 위해 갑판 위를 재배치하고 장비를 제작했던 123정은, 세월호 현장에서 맞닥뜨린 상황을 매우 편협하게 해석했고, 선내에 진입해 승객을 빼내 오거나 퇴선 방송을 송출하는 융통성을 발휘하지 못했다.

이 사례는 재난 상황에서 구조 활동이 얼마나 물질적이고 기술적인 실천인지 보여준다. 아무리 구조의 성패가 인간 행위자들의 역량과 태도에 달려 있다고 해도, 이들의 역량과 태도는 필연적으로 신체의 감각기관, 이동성, 주변 사물에 얽매여 있다. 신체나 도구를 사용하지 못하게 되면 구조도 불가능해진다. 2005년 8월 허리케인 카트리나는 미국 남동부를 강타했고 특히 뉴올리언스에 한동안 심각한 물난리를 일으켰다. 집과 병원, 경찰서는 물론, 순찰차, 무전 송신탑, 전기 설비 등이 파괴되었다. 경찰의 수색 및 구조에 필요한 지역 인프라가 무너진 것이다. 그러자 경찰관 상당수가 무력감에 빠져 직무를 버렸으며 몇 명은 스스로 목숨을 끊기도 했다(Sims, 2007). 물론 허리케인 카트리나의 경우와 달리 세월호 재난에서 해경의 인프라는 건재했으며, 일찍이 퇴선을 유도했다면 모든 승객을 살릴 수도 있었다. 그러나 123정이 기껏 만들어 간 구조 체계는 실제 현장의 요구와 불일치했으며 이는 결국 상식에 어긋나는 행동을 낳았다. 인간의 무력함은 육지보다 물 위에서 특히 두드러진다. 바다 위의 위기 상황에서, 인간은 기술의 힘과 연합해 절묘하게 대응하지 않으면 안 된다. 따라서 앞으로 해양 사고 훈련 및 대비는 이와 같은 인간-비인간 의존성 내지 상호 관계를 전면으로 수용하고 재검토해야 할 것이다.

1장 참고 문헌

4·16세월호참사 특별조사위원회 (2016. 3), 「4·16세월호참사 특별조사위원회 1차 청문회 자료집」.

Clark, A. and Chalmers, D. (1998), "The Extended Mind", *Analysis*, Vol. 58, No. 1, pp. 7–19.

Sims, B. (2007), "'The Day After the Hurricane': Infrastructure, Order, and the New Orleans Police Department's Response to Hurricane Katrina", *Social Studies of Science*, Vol. 37, No. 1, pp. 111–118.

Varela, F. J., Thompson, E. and Rosch, E. (1991), *The Embodied Mind: Cognitive Science and Human Experience*, Cambridge, London: The MIT Press.

광주고등법원 (2017. 7. 14.), 「광주고등법원 제6형사부 판결 2015노177」.

광주지방검찰청 (2014. 6. 2.), 「박승기 진술조서」.

광주지방검찰청 (2014. 6. 4. A), 「이형래 진술조서」.

광주지방검찰청 (2014. 6. 4. B), 「박상욱 진술조서」.

광주지방검찰청 (2014. 6. 4. C), 「김용기 진술조서」.

광주지방검찰청 (2014. 6. 4. D), 「김종인 진술조서」.

광주지방검찰청 (2014. 8. 14.), 「수사보고(사고해역 부근 유속 확인)」.

광주지방검찰청 (2014. 8. 7.), 「황인 진술조서」.

광주지방법원 (2014. 8. 20. A), 「문예식 증인신문조서 2014고합180」.

광주지방법원 (2014. 8. 20. B), 「장OO 증인신문조서 2014고합180」.

김도연 (2021. 4. 24.), 「[김도연의 취재진담] 세월호 7년, 이제는 우리가 마주해야 하는 진실」, 《미디어오늘》, http://www.mediatoday.co.kr/news/articleView.html?idxno=213031.

김성원 (2021), 「세월호 참사 당시 재난통신 행위자-네트워크 구성」, 《과학기술학연구》 제21권 제2호, 139, 167쪽.

김은성 (2022), 「감각과 사물」, 갈무리.

김종길 (2004), 「해운계의 숨은 이야기들 (47): 여객선 서해훼리호 전복사건」, 《해양한국》 2004권 제6호, 116~119쪽.

김진오 (2014. 4. 30.), 「[세월호 참사] 해경은 '선장', 어선은 물에 빠진 '학생'들을 구조했다」, 《노컷뉴스》, https://www.nocutnews.co.kr/news/4016507.

박종면 (2016. 6. 2.), 「해경, "여객선에 올라 승객 구하라" 지시 불응할 때 전남어업지도선, 세월호에 올라 인명 구해」, 《현대해상》, http://www.hdhy.co.kr/news/articleView.html?idxno=1307.

브뤼노 라투르, 홍성욱·장하원 번역 (2018), 「판도라의 희망」, 휴머니스트. [Latour, B. (1999), *Pandora's Hope*, Harvard University Press.]

세월호특조위 조사관 모임 (2017), 「외면하고 회피했다: 세월호 책임 주체들」, 북콤마.

아시아경제 온라인이슈팀 (2014. 4. 24.), 「세월호 선원, 해경 헬기 구명보트 탈출 … 승객은 어부가 구출」, 《아시아경제》, https://www.asiae.co.kr/article/2014042409103981847.

옥기원 (2017. 4. 14), 「[인터뷰] 세월호 마지막 생존자 "저는 용서받지 못할 죄인입니다"」, 《민중의 소리》, https://www.vop.co.kr/A00001147497.html.

이율 (2007. 7. 12.). 「오만근해 침몰 한국 화물선 3일전 침수 감지」, 《연합뉴스》, https://n.news. naver.com/mnews/article/001/0001694484?sid=101.

정책브리핑 (2014. 5. 19.). 「[대국민담화] ① 해경 해체 … 안행부·해수부 대수술」, https://www. korea.kr/briefing/policyBriefingView.do?newsId=148778928#goList.

진도VTS (2014. 4. 16.). 「녹취록 7:00−9:15」.

최성진 (2014. 5. 25.). 「[단독] 살려달라 소리치던 아이들 생각에 … "술 없인 잠을 못 이뤘제"」, 《한겨 례》, https://www.hani.co.kr/arti/society/society_general/638914.html.

해양경찰청 (2013). 『안전한 바다 행복한 국민: 해양경찰 60년사』.

해양경찰청 (2014). 『2014 해양경찰백서』.

2 대규모 재난 통신 네트워크는 어떻게 실패했는가

: 세월호 구조 통신 다시 보기

장신혜
서울대학교 과학학과 박사 과정

1. 세월호 통신에 대한 문제 제기

2014년 4월 16일 세월호 참사는 많은 사람의 부주의와 잘못된 관행이 겹쳐져 발생했다. 그 가운데 그토록 많은 희생자를 발생시킨 중요한 요인 중 하나는 해경의 구조 업무가 효율적으로 이뤄지지 못했다는 점이다. 경비함정 123정이 선장과 선원들을 구출한 이후 세월호에서 멀리 떨어진 채 구명보트를 타고 오는 승객들을 받기만 하는 모습은 대중들에게 많은 공분을 샀고 유가족들에게 큰 상처를 주었다.

당시 해경의 의사소통은 통신을 매개로 이루어졌기 때문에, 그 통신의 방식과 내용은 해경의 구조 실패를 설명하는 과정에서 중요한 논점으로 제시되었다. 그 과정에서 꼭 필요한 교신이 이루어지지 않았거나 교신이 이루어졌더라도 소통이 잘 되지 않았던 문제들이 드러났다. 현장으로 출동한 123정은 출동하는 동안 세월호와 교신하지 않았고, 진도 해상교통관제소^{VTS}는 세월호와의 교신 내용을 해경에 전달하지 않았다. 123정과 헬기에 대해 해경 지휘부도 퇴선 방송을 오랫동안 지시하지 않았으며, 이를 지시했을 때도 123정은 이행하지 않았다. 또한 세월호가 침몰한 후 몇 시간이 지난 뒤에도 전부 구조했다는 보고가 이루어지는 등 통신을 매개로 한 소통의 문제가 너무나 많이 일어났다. 만약 통신을 통해 상황이 잘 공유되어 효율적인 구조가 이루어졌다면 더 많은 사람을 구할 수 있었을 것이다.

그동안 해경의 통신 문제는 개인의 책임을 따지는 데 집중되었다. 법정에서는 교신을 시도하지 않거나 유지하지 않았던 여러 사례가 개인의 과실 때문인지 아니면 기술적 문제가 개입되어 있었는지를 따졌고, 연구자들도 해경의 체계에 존재하는 고질적 원인보다는 개인의 책임을 따지는 데 집중했다. 이로써 통신의 불통은 개인들에게 면죄부를 줄 수 있는 요인으로 간주되기도 했다. 개인의 책임에 대한 질문은 123정의 정장 김경일에 대한 법적 심판으로 이어졌고, 주요 해경 지휘부 인사들이 '책임을 지고' 사퇴하거나 자리를 이동하는 결과를 가져왔다. 하지만 개인에 대한 책임 지우기가 추후 선박 사고 대처에 도움이 되는지 의문이다(이선영, 2014; 함혜연, 2018). 그러는 동안 정작 해경의 통신과 업무 체계가 얼마나 구조 활동에 효과적인지에 대한 분석과 성찰은 제대로 이루어지지 못했기 때문이다.

이 글은 세월호 통신 실패 원인을 해경의 과실이나 기술의 낙후에서 찾는 것을 넘어, 통신에 수반되는 물질적·사회적 체계들에 어떤 문제가 내재되어 있었는가를 다룬다. 특히 일상적으로 잘 작동하던 커뮤니케이션 시스템이 재난 상황에서 문제를 일으킬 수 있다는 사실에 주목하고, 재난을 대비한 통신 체계가 가져야 할 특성에 관해 논의하고자 한다. 민간 선박과 VTS, 해경은 긴급 상황이 아닐 때도 수많은 교신을 주고받았으며, 일상적인 무전 통신 시스템은 큰 문제 없이 잘 작동했다. 하지만 재난 시에 요구되는 해상 통신 네트워크는 일상적 네트워크와는 매우 다르다. 이 글은 크게 두 가지 측면에서 이 차이를 다룬다.

첫 번째로 일상적 통신 네트워크의 기술적 복잡성이 재난 상황에서 어떻게 문제를 일으켰는지 분석할 것이다. 해상 통신 네트워크는 여러 행위자를 다양한 용도로 연결하기 위해 다중적으로 중첩되어 있다. 이러한 통신 채널의 분화는 일상적 업무의 효율을 높이지만, 재난 시에는 효율적인 정보 전달을 막을 수 있다. 두 번째로 구조 세력에게 지시를 내리는 지휘 체계의 책임 문제를 다룰 것이다. 여객선 침몰 상황에서는 평소보다 다양한 구조 세력이 동원되었고, 그 세력들을 파견한 컨트롤타워도 여러 곳이었다. 여러 컨트롤타워가 동일한 통신망에 접속하면서 누가 최종 컨트롤타워가 되어야 하는가를 의식하게 되었고, 결국 각자가 서로에게 책임을 떠넘기는 상황이 발생했다. 세월호 참사 이후, 재난 컨트롤타워의 역할을 누가 맡아야 하는지가 중요한 논의 사안으로 떠올랐다. 그런데, 정말 재난 상황에서 한 주체가 책임을 지고 모든 결정을 내리는 것이 과연 바람직한 방법인가? 세월호 구조에서 문제가 되었던 상황들에 대한 검토와 해경의 통신, 지휘 체계에 대한 재평가가 다시 이루어져야 한다.

이 글은 세월호와 해경, VTS 등에 갖추어져 있던 통신 기술과 그

기술들이 사용된 방식을 다시 살펴봄으로써, 해상 통신망이 가진 문제점을 지적하고 해결책을 제안하고자 한다. 세월호에서 최초의 신고가 있었던 8시 52분부터 세월호가 완전히 뒤집혀 일부만 남기고 해수면 아래로 잠겼던 10시 30분경까지 일어난 수많은 교신은 서로 어긋나고 잘못된 정보를 전파해 구조를 효과적으로 돕지 못했다. 넘쳐나는 헬기와 구조 함정, 특수부대 인력을 무용지물로 만들어 버린 해경 조직과 사회적·기술적 시스템에는 도대체 어떠한 구조적 문제가 있었는가?

2. 해상 재난 통신망의 역사와 현재

선박 간 또는 선박과 육지 간 통신은 1901년 마르코니가 대서양 횡단 무선 통신에 성공하고 나서부터 가능해졌지만, 통신 장비를 포함한 해상 안전에 관한 국제 협약이 논의되기 시작한 것은 타이태닉호 사고 직후였다(Ferreiro, 2020). 1912년 침몰된 타이태닉호에는 마르코니의 무선전신기가 구비되어 있었고, 덕분에 수백 명의 승객이 구조될 수 있었지만, 1,500여 명의 희생자를 구조하기에는 역부족이었다. 이를 계기로 해상 안전을 위한 SOLAS The Safety of Life at Sea 협약이 처음 만들어졌고, 제2차세계대전 이후에는 이를 논의하고 이행하기 위한 정부간해사자문기구IMCO가 만들어졌다. 1982년에 기구의 명칭이 국제해사기구IMO로 바뀌면서 조난 통신을 체계화하기 위한 세계해상조난및안전시스템GMDSS이 구축되었으며, 1988년부터 IMO는 수정된 SOLAS 협약을 통해 300톤급 이상의 해상 선박에 GMDSS 장치 설치 의무를 부과하기 시작했다. 세월호 사고 당시, 그리고 지금까지 사용되는 선박의 장치들은 이때부터 사용된 오래된 통신 기술들이다.

이러한 해상 통신 기술의 낙후성은 국제적으로 꽤 오랜 시간 인지되어 왔고, 개선 요구와 노력이 꾸준히 이루어지고 있다. 최근에는 기존의 GMDSS를 개선하는 새로운 지능형 해상교통정보e-Navigation 서비스가 국가별로 개발되고 점차 도입되는 추세다. 한국 정부도 이러한 흐름에 발맞추어 세월호 당시 낙후되었던 해상 무선 통신망에 많은 개선 작업을 수행했다. 2021년 해양수산부가 내놓은 자료에 따르면, 해수부는 2021년부터 이전의 무전 통신보다 품질이 좋은 LTE-M 통신망을 토대로 바다 내비게이션 서비스를 제공하는, 지능형 해상교통정보 서비스를 운영 중이다(해양수산부, 2021). 해수부에서 도입한 것은 한국에서 개발되고 도입한 한국형 e-Nav 서비스로, 해수부는 2025년까지 이용률 80% 달성을 목표로 한다고 발표했다. 여전히 해상 통신은 대부분 기존의 무전 통신망에 기대고 있고, 완전히 LTE 통신으로 대체하는 데는 어려움을 겪고 있지만, 이러한 기술적 개선 노력은 세월호 침몰 당시 구조 상황을 고려하면 긍정적인 변화라고 볼 수 있다. 조난 시 구조 요청과 선박에 대한 정보 전달을 쉽게 만들기 때문에 늦은 조난 신고와 출동, 구조 세력 간의 소통 부재 등 세월호 참사 당시 나타났던 통신의 기술적 문제들을 상당히 개선할 수 있을 것으로 보인다.

하지만 전문가들은 통화 품질이나 구조 요청의 편의성을 개선하는 것 이상의 노력이 필요하다고 지적해 왔다. 여러 행위자 간의 통합된 소통이 가능하도록 네트워크를 재정비해야 성공적인 구조가 이루어질 수 있다는 것이었다. GMDSS와 해경 통신의 복잡성은 1990년대 후반부터 국제적으로 꾸준히 제기된 문제이며 세월호 구조에서도 중요한 장애 요인으로 지적되었다(김병옥, 2005; 김성원, 2021). 예컨대, 선박-선박이나 선박-관제소, 선박-해경 사이에서 사용되는 GMDSS 장비의 종류는 VHF설비(초단파대 무선전화 및 DSC), MF/HF SSB설비(중단파대 무선전화 및 DSC), NAVTEX(NBDP) 수신기, INMARSAT-C(텔렉스, 이메일, SMS), EPIRB, SART, Portable 2-way VHF 등 매우 다양하다. 해경이 사용하는 무선통신망도 UHF, VHF, MF/HF SSB, TRS^{Trunked Radio System} 등 다양하며, 세월호 당시 해경 사이에서는 주로 TRS 무선전화와 KOSNET 문자상황정보시스템, 경비 전화를 이용해 소통했다.

그런데 GMDSS를 다룬 선행 연구들은 기술 장치 자체의 복잡성에만 주목해 왔다. 그러나 통신 네트워크의 복잡성은 기술 장치의 복잡성보다 훨씬 많은 것을 포괄한다. 사실 기술적 복잡성은 그 자체로 위협이 되지는 않는다. GMDSS와 해경 통신의 장치적 복잡성은 일상적 관행을 통해 자연스레 단순화되었기 때문이다. 예컨대, GMDSS 체계에서는 INMARSAT망과 두 행위자 사이를 연결하는 VHF/SSB망의 DSC 기술이 거의 무시되고, 불특정 다수를 연결하는 VHF와 SSB 무선전화로 사실상 모든 통신이 수행되고 있었다(B. K. Lee et al., 2015; S. Valcic et al. 2021). 해경이 사용하는 무선통신망도 대상과 용도에 따라서 분화된 채널을 사용하는 방식으로 명확히 자리잡혀 있었다. 즉 선박과 관제소 간, 그리고 해경 내부의 통신 체계는 일상적인 해상 관제와 경비 업무를 수행하는 데는 무리 없이 안정화되어 있었고, 이를 통한 모든 행위자 간의 소통이 원활하게 이루어졌다. 이것이 GMDSS 체계와 TRS 체계의 기술적 복잡성을 통해 세월호 통신 실패를 설명하면 안 되는 이유다.

대신 우리는 통신 체계가 요구하는 단순성의 종류와 정도가 일상과 재난 상황에서 서로 얼마나 다른지 인식해야 한다. 재난 상황에서는 해경과 선박이 내부와 외부의 다양한 행위자들과 긴급히 통신을 하게 되면서 일상보다 훨씬 단순하고 통합된 통신이 요구된다. 이때 통신의 실패는 장치적 복잡성보다는 조직적이고 사회적인 소통 체계의 복잡성에서 기인한다. 통신의 복잡성을 파악한다는 것은 해상 네트워크를 사용하는 다양한 주체들과 소통 채널의 다양한 용도의 존재, 그리고 그 소통이 어떤 규약 혹은 관습을 통해 일어나는가를 인지하는 것이다. 다음 절들에서는 이러한 소통 체계라는 의미에서 통신 네트워크의 오작동을 살피며, 네트워크의 복잡성과 다중 컨트롤타워가 재난 상황에서 어떤 문제를 일으켰는지 다루고자 한다. 더 나은 재난 통신 네트워크를 구축하려면 이러한 차이에 대한 인식이 선행되어야 할 것이다.

3. 출동 과정에서 문제를 일으킨 네트워크의 복잡성

세월호 구조에서 가장 안타까운 부분 중 하나는 늦은 출동과 세월호와의 소통 부재로 인해 해경이 현장에 도착했을 때 빠르게 대처할 골든 타임을 놓쳤다는 점이다. 이때 필요한 정보가 중요한 구조 세력들에게 고르게 전달되지 못한 것은 수많은 구조 세력들 사이에서 통신 채널이 다분화되어 있었기 때문이다.

늦은 출동의 가장 최초의 원인은 오전 8시 49분 세월호가 급변침하고 난 이후 신고가 늦었던 것이다. 이는 세월호 선장과 선원들의 비상시 연락망이 명확히 정해져 있지 않은 데서 비롯되었다. 최초 신고는 8시 52분 최덕하 학생의 119 신고였다. 목포해경은 119 상황실을 통해 신고를 접수했고, 이후 여러 승객의 119 신고를 통해 더디게 상황을 파악했다. 1등 항해사 강원식은 8시 55분, 평소 연락하던 VHF 12번 채널을 통해 제주VTS에 연락했고, 제주VTS도 해경에 연락을 취했다. 세월호의 위치상으로 진도VTS에 연락해야 했지만, 제주에 먼저 연락한 것도 안타까운 혼선이었다. 진도VTS는 당시 변칙 근무를 한 데다가 근무 교대 시간이 겹쳐 세월호 사고를 눈치채지 못했다(진실의힘, 2016: 181~195쪽). 진도VTS는 9시 4분 서해해경청으로부터 연락을 받아 침몰 사실을 알게 되었고, 곧바로 VHF 채널 67번으로 세월호를 불렀다. 하지만 제주VTS와 연락하고 있었던 세월호에서는 응답이 없었다. 비상 상황에서 사람들은 자신이 가장 쉽게 도움을 받을 수 있고 익숙한 주체에게 연락을 취하게 된다. 세월호 선장과 선원들이 비상시 훈련을 잘 받았더라면 훨씬 더 빠른 연락과 조치를 취할 수 있었겠지만, 그렇지 않은 경우를 대비하는 것도 재난 통신 혁신의 중요한 요소라 할 수 있겠다.

출동 과정에서 발생한 가장 치명적인 문제는 핵심 구조 세력에게 세월호의 상태에 관한 정보가 결여되었다는 점이다. 이는 여러 행위자들 사이에 교신이 독립적으로 이루어져 구조에 참여하는 행위자들마다 가진 정보가 천차만별이었기 때문이다. 진도VTS와 제주VTS가 1등 항해사 강원식으로부터 전해 들은 선내 상황은 해경에 전달되지 않았다. 강원식은 8시 55분부터 제주VTS와 연락하고, 9시 8분부터는 진도 VTS와 연락하면서 승선원들이 움직이지 '못하고' 있다는 말을 수차례 전했다. 교신 기록에 따르면, 9시 16~17분경 강원식은 자신이 있는 자리에서 이동이 불가능해 발전기를 수리하러 갈 수도 없고, 선원들에게는 "라이프재킷 입고 대기하라고 했는데, 입었는지 확인이 불가능한 상태"라고 전했다. 좌현으로 50도 이상 기울어져 "브리지에서 좌우로 한 발짝씩도 움직이지 못해 벽을 잡고 겨우 기대 있는 상태"라는 것이었다. 그는 승객들에게 방송도 불가능한 상태라고 전했다. 물론 선원들이 아예 움직일 수 없지도 방송이 불가능하지도 않았지만, 강원식의 이 말들이 구조 세력에 전해졌다면 선내 상황을 파악하고 계획을 세우는 데 도움이 되었을 것이다. 진도VTS는 강원식의 교신에도 "최대한 나가서 승객들한테 구명동의를 꼭 입히고 옷을 두껍게 입으라고 최대한 많이 전파"하고 "저희가 그쪽 상황을 모르기 때문에 선장님께서 최종적으로 판단하셔서 지금 승객을 탈출시킬지 빨리 결정을" 해달라고 요구했을 뿐이었다. 그 결과 현장에 도착한 해경은 사람들이 갑판에 나와 있지 않은 것을 보고 당황할 수밖에 없었다. 심지어 서해해경청에서 헬기로 출동한 해경들은 여객선 내에 450여 명의 승객이 타고 있는지는 생각하지도 못해 밖으로 나온 승객들만 구조했다고 법정에서 진술했다. 만약 선내 상황에 관해 해경과 진도VTS 전체에 정보가 일괄적으로 공유될 수 있었다면, 선내의 인원들을 구출할 계획을 더 빨리 세울 수 있었을 것이다.

123정이 현장에 출동할 때 세월호와 직접 연락을 취하지 않은 것은 교신 의지가 부족했던 탓도 있지만, 세월호가 구조 세력별로 청취하는 채널이 달랐던 것도 마찬가지로 심각한 영향을 미쳤다. 123정은 9시 2~3분경에 재난 통신 채널인 VHF 16번을 통해 세월호를 불렀으나 세월호가 12번 채널을 통해 제주VTS와 연락하고 있어 응답을 받지 못했다. VHF는 용도와 권역에 따라 다른 채널을 사용하게 되어 있고, 세월호는 일상적으로 해당 권역에 맞는 채널을 맞추었던 것이다. 세월호는 이후 채널 67번으로 진도VTS와 교신하다가 뒤늦게 9시 26~28분경 16번 채널을 통해 123정과 교신을 시도했지만, 이때는 123정이 청취하지 않았다.

이 외에도 수많은 행위자 간에 다분화된 통신 네트워크가 존재했다. 해상과 지상의 해경 사이의 통신은 TRS로 이루어졌고, 123정-어선들은 SSB로 통신하고 있었으며, 진도VTS는 세월호 선장이 탈출하고 난 이후에도 VHF 67번으로 세월호와 교신을 시도했다. 해경 세력 사이에서도 네트워크가 분화되어 있었다. 해경 본청-123정, 본청-서해청-목포서 등 지상의 해경 세력 사이에서는 경비 전화가 사용되었고, 해경 문자상황정보시스템KOSNET도 상위 기관들 사이에서 활발하게 사용되고 있었다. KOSNET 대화창을 통해 많은 중요한 정보가 공유되고 있었지만, 헬기와 123정에는 이 시스템이 부재해 확인하지 못했다는 것도 안타까운 지점이다.

문제는 이렇게 분화된 통신 채널이 평소에는 오히려 통신을 용이하게 했다는 점이다. VHF 무선전화, SSB 무선전화, TRS 무선전화는 모두 대상을 특정하지 않고 작동하기 때문에 관련이 없는 주체에게는 들리지 않도록 채널을 다양화하는 것이 더 유용하다. 하지만 세월호 침몰이라는 이례적인 상황에서는 당시 주변에 가까이 있었던 모든 구조 세력에게 충분한 정보가 동시에 전달되어야 했다. 이를 위해서는 사고 선박과 해경을 연결하는 특수한 통신망만 더해지면 되는 것이 아니라, 구조에 가담하는 모든 행위자가 사고 선박과 연결된 공통의 통신망을 청취할 수 있어야 했다.

4. 다중 컨트롤타워가 불러온 혼선

9시 30분 이후 구조 과정에서는 해경들 사이에 TRS와 KOSNET을 통해 꽤 통합적인 네트워크가 형성되었다고 볼 수 있다. 그러나 균질한 네트워크에서도 구조에 효과적인 교신을 위해서는 기술적 조건에 맞는 사회적 규칙이 필요하다. 해경들의 소통을 더 어렵게 만든 것은 세월호 구조 세력을 파견하고 지휘한 해경 세력의 층위가 다양했다는 점이다. 목포해양경찰서는 해경 123정과 인근 함선들을 불러 모으고 122구조대를 파견했고, 서해해경청은 헬기와 서해해경청 특공대를 출동시켰다. 목포해경서는 123정을 출동시킨 주체로서 적극적으로 지시를 내리려 했으나, 서해청과 본청, 청와대에서도 각자 상황을 판단하고 지시를 내리고자 했다. 이러한 상황에서 누가 책임을 지고 지시를 내려야 하는가의 문제가 대두되었으며, 결국 지휘부 사이에 서로 책임을 전가하는 상황이 벌어진 것이다. 이로 인해 앞으로의 재난 상황에서 누가 컨트롤타워를 맡아야 하는지에 관한 논의가 이루어져왔다(권영복, 2015). 하지만 당시 상황을 고려해 보면 어떤 한 주체가 책임을 지고 지휘하는 것이 과연 옳은지 의문이다. 여기에는 두 가지 이유가 있다.

첫째는 하나의 컨트롤타워에서 판단하는 데 한계가 있기 때문이다. 세월호 참사의 경우 여러 층위의 지휘부에서 명확한 판단을 하지 못하고 애매한 지시를 내린 것이 구조 실패로 이어졌다. 누군가 책임을 지지 않은 것이 문제가 아니라, 지휘부가 책임질 능력이 없는데도 통제력을 계속해서 발휘한 것이 문제였다. 구조 활동은 기본적으로 현장 세력의 판단하에 전략적으로 수행되어야 하는데, 당시 지휘부는 123정을 현장지휘함으로 지정하고, 123정에 지시를 내리면서 계속해서 권한을 행사하고자 했다. 이것은 123정이 현장 구조에서 적극적인 책임을 회피하게 만들었다. 또한 나머지 현장 세력들이 서로 주도적으로 통신을 나누며 구조 활동에 임하는 것을 어렵게 만들었다.

헬기로 출동한 항공구조사들이 더 적극적으로 활동하지 못한 것은 이러한 맥락에서 이해되어야 한다. 배가 많이 기울어진 상태에서 항공구조사들이 내려가서 승객들을 출입문 위로 끌어 올려주었다면 많은 승객을 구할 수 있었을 텐데, 매우 안타깝게도 헬기에는 지시가 내려지지 않았다. 우선 항공구조사들의 법정 진술에 따르면 헬기들은 서해해경청에서 출발하면서 목포상황실로부터 교신을 직접 듣지 못했고, 서해해경청 상황실에서는 상세한 상황을 알리지 않고 출동시켰다. 그래서 세월호 내부에 얼마나 많은 인원이 있는지 모르고 있었다. 모든 세력 중에서 현장에 가장 먼저 도착한 헬기 511호는 목포상황실과 서해상황실, 본청상황실에 모두 연결된 TRS 채널 52번을 통해 상황을 알렸고, 밖에 나와 있는 사람이 없다고 전했다. 하지만 어떤 지휘부도 헬기에 더 질문하거나 적극적인 지시를 내리지 않았다. 지휘부는 오직 123정의 보고만 기다리고 있었다. 9시 38분경 본청상황실에서는 123정을 제외하고 모든 주체에게 발언을 삼가도록 요청했다. 세 개 층위의 지휘부와 수많은 현장 주체가 함께 접속해 있는 TRS에 혼선을 막기 위해서였다. 자연스레 헬기들은 알아서 구조 작업을 하고 구조 현황을 보고하는 수준으로만 교신하게 됐다. 그마저도 지휘부의 응답을 받지 못하는 경우들이 발생했다. 항공구조사들은 밖으로 나와 있는 사람들을 구조하다가 나중에는 구명벌을 터뜨리고 사람들을 태우는 일을 도왔다. 현장 상황에 따라 중요하게 활약할 수 있는 구조 세력이 달라질 수 있는데, 당시 어떠한 지휘부도 그러한 판단을 하지 못했다.

특수 구조 세력의 출동 상황에 대해서도 지휘부는 신경 쓰지 못했다. 선체가 많이 기울어져 특수 구조 세력인 서해해경청 특공대, 목포해경 122구조대의 역할이 절실히 필요해졌으나, 두 구조 세력은 세월호가 수면 아래로 가라앉은 지 1~2시간 후에 현장에 도착했다. 서해해경청 특공대의 경우 특공대 대장 최의규가 20분 동안 상황을 지켜보다가 출발했을 때 함정이 모두 떠나고 없어 뒤늦게 헬기를 타고 출발했다. 목포해경 122구조대 김윤철은 삼학도 부두에 배가 있는지 몰라 더 먼 진도 팽목항까지 자동차를 타고 가서 비번 근무자 세 명을 기다려 함께 어선을 타고 출항했다. 물론 지휘부에서 여러 근무자와 함정의 현황을 모두 파악해 효과적으로 출동시킬 수 있었다면 훨씬 빠른 출동이 가능했겠지만, 아주 많은 세력이 동원되는 상황에서 모든 상황을 모니터링하기는 어렵다. 출동 지시가 내려졌을 때 세월호의 상황이 잘 공유되고 이동 수단이 명확하게 지정되어 있기만 했어도 특수 구조 세력의 출동이 훨씬 빨랐을 것이다. 해상 사고 구조도 육상 사고처럼 출동 세력들이 각자 즉각적으로 판단하고, 서로 원활하게 소통하는 것이 훨씬 더 바람직할 것이다.

단일 컨트롤타워가 바람직하지 않은 두 번째 이유는 현장 세력들이 끊임없는 보고 요구와 도움이 되지 않는 지시를 받으며 방해받을 수 있기 때문이다. 세월호 사고 동안 해경의 교신은 일상에서처럼 잦은 지시-보고로 이루어지고 있었다. 상부에서는 아래로 지시를 내리고 총괄하는 책임을 지며, 하부에서는 맡은 일에 대한 책임을 지는 것이 관료적 구조로, 이는 통신을 통한 소통에서도 유지된다. 일상적인 해경의 경비 업무를 위한 통신에서는 충실한 보고와 간단한 지시만으로도 잘 작동할 수 있지만, 세월호 사고 동안에 이 통신 문화가 계속 유지됨으로써 구조 방해 요소가 많았다. 123정에 영상 시스템이 작동하지 않는 상황에서 지휘부는 정보를 요구하며 현장을 방해했다. 9시 30분경 123정으로부터 영상과 TRS 교신을 기다리고 있던 본청에서는 목포서에 경비 전화를 걸어 123정에 닦달하기를 요구하다가, 9시 36분경 123정에 직접 경비 전화를 걸었다. 본청 경비과장 여인태는 김경일 정장에게서 구두로 상황을 전달받지만 정확한 전달은 어려웠다. 다음은 123정과 본청 사이의 긴 전화 대화(09:36~09:38)의 일부다.

본청 경비과장: 자, 사람들 보여요, 안 보여요?

123정: 사람들이 하나도 안 보입니다, 지금.

본청 경비과장: 사람들, 아니 갑판에 사람들이 한 명도 안 보여요?

123정: 네, 안 보입니다. 저기 조금 보이… 어이, 어이, 저기 뭐야? 저기 한번 가서 묶어줘!

본청 경비과장: 갑판에 사람이 보여요, 안 보여요?

123정: 현재 갑판엔 안 보이고요. 간간이 보이는데 단정으로 이제 구조해야 할 것 같습니다.

본청 경비과장: 사람들 바다에 뛰어내렸어요, 안 뛰어내렸어요?

123정: 바다에 사람이 하나도 없습니다.

본청 경비과장: 바다에도 사람 안 보이고? (예, 예.) 자, 구명동의 보여요, 안 보여요?

123정: 구명동의는 그냥 다 있습니다. 하나도 투하 안 했습니다.

본청 경비과장: 구명정은? (예?) 구명정 같은 거 있어요, 없어요?

123정: 다시 한번 말씀해주십시오.

본청 경비과장: 구명정, 구명정!

123정: 구명정은, 구명벌은 그대로 하나도 안 터지고 그대로 있습니다.

본청 경비과장 여인태는 123정 정장에게 지시를 내리기 위해 배의 상태를 물어보았다. 그러나 갑판에 사람이 한 명도 없다는 사실에 당황했다. 좋지 않은 음질도 이 간단한 소통을 방해했다. 추가적인 질문과 보고 끝에 구체적인 지시는 "TRS로 모든 상황을 보고하라"밖에 없었다. 중요한 2~3분이 그대로 사라졌다. 123정이 만약 비디오 컨퍼런스 시스템이 탑재된 경비정이었다면 조금 더 정확한 판단과 많은 지시가 내려졌을지도 모르지만, 영상을 볼 수 없는 지휘부는 보고를 요구하는 것이 최선의 책임을 지는 방식이었다. 상황 공유의 어려움으로 인해 많은 책임이 현장의 123정에게로 넘어가고 있었음에도 해경 지휘부는 지속적인 상황 보고와 구조 인원 보고를 요구하며 맡은 바 책무를 다하고자 했다. 청와대도 배가 침몰하는 상황에서 끊임없이 영상 자료와 구체적인 구조 인원을 보고하도록 요구했다. 이는 대통령에게 보고하기 위함이었고, 청와대 비서실장은 세월호 구조에서 보탬이 될 궁리는 하지 않았다.

현장 상황을 파악하는 것이 구조에 가장 중요한 요소이기 때문에 통신에 기대어 구조를 하는 것은 의미가 없다. 수많은 지시-보고를 위한 통신 중 어떤 교신도 세월호 승객들을 구조하는 데 도움이 되지 못했다. 큰 재난 상황에서 구조 세력을 출동시키고 모니터링하는 주체도 여럿이기 때문에 현장에 출동하지 않은 간부 중 한 사람이 책임을 지고 컨트롤타워를 맡는 것은 사실상 불가능하다. 지휘부의 역할은 현장 지휘자에게 지시를 내리는 것이 아니라 최대한 구조 활동을 도울 수 있도록 구조 인력을 원활하게 배치하는 것이다. 통신 기술은 현장 세력들 사이의 소통을 원활하게 도울 수 있도록 정착되어야 한다. 일상 시의 통신 규약 속 상하 조직의 틀에서 벗어나, 현장의 판단을 존중하며 구조 활동을 도울 수 있는 새로운 규약과 체계를 고민해야 한다. 즉, 재난 상황을 파악하고 있는 구조 현장이 통신의 구심점이 될 수 있는 방안을 마련해야 할 것이다.

5. 요약 및 결론

전 세계적으로 LTE 기반 해양 통신 시스템 구축 노력이 이루어지고 있고, 한국에서도 LTE-M이라는 이름으로 기술이 개발되고 있다. LTE-M 실행 이후에는 보다 신속한 의사소통과 자동적인 조난 통신이 가능해지는 등 기술적인 개선을 통한 재난 대비가 많이 이루어지리라 생각된다. 하지만 효과적인 해난 구조를 위해서는 통신 음질 개선과 자동 조난 신고 외에도 훨씬 많은 것이 필요하다. 이 글에서는 크게 두 가지 측면에서 해난 구조 통신 기술의 요구 사항을 살펴보았다.

첫째는 다양한 주체들 간에 다분화된 네트워크를 통합시켜야 한다는 것이다. 세월호 구조에는 아주 많은 집단과 인력이 가담했다. 하지만 다분화된 통신 채널을 그대로 사용하면서 중요한 정보가 제대로 전달되지 않는 경우가 비일비재했다. 신속하고 광범위한 의사소통을 위해서는 통합된 재난 통신 시스템을 구축하고 모든 선박과 구조 함정,

헬기, VTS, 상황실 등에 정착시키며 잘 관리할 필요가 있다.

둘째는 해난 구조 통신이 상부의 지시와 보고 요구를 위한 방식이 아닌, 효과적인 협력을 가능하게 하는 방식으로 이뤄져야 한다는 것이다. 세월호가 가라앉는 1분 1초가 급박한 상황에서 해경 지휘부는 123정의 보고에 의존하며 다른 세력에 주의를 기울이지 못했고, 123정에 상황을 물어보며 구조를 방해했다. 지휘부가 그토록 요구하던 영상은 현장에 가장 처음 도착한 헬기 511호에서 먼저 촬영하고 있었지만, 주의는 온통 123정에 집중되어 있었다. 만약 지휘부에서 일찍 영상을 받았다면 좀 더 괜찮은 지시가 내려졌을지도 모르지만, 현장 세력에 대해 '지시'보다는 '조언'의 기능만 수행하는 것이 더 나을 것이다. 지휘부에게는 현장에 필요한 인력들을 빠르게 판단하고 배치하는 능력이 더 중요하게 요구된다. 또 현장지휘함 외에 모든 세력이 침묵해야 하는 TRS 통신보다는 현장 세력 사이에서 더 수평적인 통신을 가능케 하는 것이 훨씬 더 바람직할 것이다.

요컨대, 효과적인 해난 구조를 위해서는 효율적인 소통을 가능케 하는 기술 체계와 더불어 현장팀의 보고를 최소화하고 자율성을 높여주는 사회적 구조가 뒷받침되어야 한다. 이러한 변화는 단순히 조난 통신 시스템의 기술적 구축만으로는 되지 않는다. 재난 상황을 시뮬레이션했을 때 가장 효과적인 해경-선박 통신 네트워크를 구축하고, 이를 뒷받침하는 의사소통 체계를 확립해야 한다. 무엇보다도 재난 상황에 대비해 해경 구조 세력 간의 통신에 관한 훈련을 꾸준히 시행해야 재난 시에 효율적인 커뮤니케이션이 가능할 것이다.

2장 참고 문헌

F. Jimenez (2012), "Salvage and Maritime Safety in the Sea: The Mediterranean Spanish Case," *Journal of Maritime Research*, Vol. 9 No. 2, pp. 61-66.

Larrie D. Ferreiro (2020), *Bridging the Seas: The Rise of Naval Architecture in the Industrial Age, 1800-2000*, Cambridge, MA: MIT Press.

Lee, B. K., Kong, G. Y., Kim, D. H., & Cho, I. S. (2015), "Survey and Analysis of User Opinion for the Review and Modernization of GMDSS and Implementation of e-Navigation," *Journal of the Korean Society of Marine Environment & Safety*, Vol. 21 No. 4, pp. 381-388.

S. Valcic et al., (2021) "GMDSS Equipment Usage: Seafarers' Experience," *Journal of Marine Science and Engineering*, Vol. 9 No. 476, pp. 1-15.

권영복 (2015), 「현행법상 해상구조제도의 문제점과 개선방안: 여객선 세월호 사건에서 제기된 문제를 중심으로」, 《한국해양경찰학회보》 제5권 제2호, 3~22쪽.

김성원 (2021), 「세월호 참사 당시 재난통신 행위자-네트워크 구성의 실패」, 《과학기술학연구》 제21권 제2호, 139~167쪽.

박종대 (2020), 『4·16 세월호 사건 기록연구: 의혹과 진실』, 선인.

오준호 (2015), 『세월호를 기록하다: 침몰·구조·출항·선원, 150일간의 세월호 재판 기록』, 미지북스.

이선영 (2014), 「행정 책임성에 관한 연구: 일본의 설명책임과 한국의 개인책임 비교분석을 통해 본 세월호 참사」, 《정부와 정책》 제7권 제1호, 99~120쪽.

진실의 힘 세월호 기록팀 (2016), 『세월호, 그날의 기록』, 진실의힘.

함혜연 (2018), 「재난구조 해양경찰관의 법적 책임에 관한 연구: 조난사고 관련 판례의 검토를 중심으로」, 《한국해양경찰학회보》 제8권 제3호, 87~115쪽.

해경 사건, 검찰 수사보고 (2014. 6. 9), 수사기록 1586~1627쪽.

해양수산부 (2021. 4. 28.), 제1차 지능형 해상교통정보서비스 기본계획[2021~2025] 및 2021년 시행계획.

3 덜 알려진 재난
: CMIT/MIT 가습기살균제 피해 사례

박진영
전북대학교 한국과학문명학연구소 전임연구원

1. 끝나지 않은 재난

"끝날 때까지는 끝난 게 아니다It ain't over till it's over"라는 미국 야구 선수 요기 베라Yogi Berra의 명언은 스포츠 경기에서뿐 아니라 대중문화, 정치, 사회, 경제 등 다양한 분야에서 널리 인용된다. 코로나19, 장마, 폭염… 거의 모든 최근 이슈를 다룬 신문 기사의 머리기사에서 이 표현을 찾아볼 수 있다. 좋지 않은 상황에서도 끝까지 최선을 다해야 한다는 뜻으로 쓰인 때도 있지만, 대부분은 아직 끝났다고 섣불리 말할 수 없으므로 지켜보며 신중히 대응해야 한다는 뜻으로 쓰이고 있다. 이 표현과 비슷한 표현으로는 "아직 끝나지 않았다"가 있다. 이 표현도 마찬가지로 스포츠, 코로나19, 이상기후 등을 설명할 때 자주 쓰인다. 아직 끝이라 할 수 없기에 계속해서 지속적인 관심이 필요하다는 뜻이다.

이 두 표현은 대한민국 사회의 수많은 재난을 둘러싼 담론에서도 쉽게 찾아볼 수 있다. 2023년 2월 18일 대구 지하철 참사 20주기를 앞두고 여전히 계속되고 있는 재난의 영향에 관한 이야기가 전해졌다. 피해자와 유가족의 아직 아물지 않은 상처, 아직 끝나지 않은 갈등, 아직 도출되지 못한 합의, 아직도 부족한 재난 대응과 예방 대책 등 20년이 지났음에도 여전히 변화가 필요하다는 목소리가 컸다. 그러나 일각에서는 이미 충분한 보상과 배상이 이루어졌고 관계자들의 처벌도 이루어졌다고 말했다.

대한민국 사회의 많은 재난과 사고를 둘러싸고 누군가는 아직 끝나지 않았다고 말하고, 누군가는 이만하면 됐다고 언제까지고 계속할 수는 없다고 말하는 대립 구도는 반복적으로 나타난다. 가습기살균제 피해 사례도 마찬가지다. 피해가 세상에 알려진 지 13년이 지났지만, 여전히 건강 피해를 인정받지 못하거나, 기업에게서 진심 어린 사과와 충분한 배상과 보상을 받지 못한, 조정위원회의 조정안에 합의하지 못한, 소송에서 이기지 못한 피해자들이 있다. 반면, 가습기살균제를 제조하고 판매한 기업은 이미 많은 돈을 냈고, 충분히 성실하게 관련 절차에 협조해 왔다고 말한다.

가습기살균제 피해에서 아직 이 재난이 끝나지 않았다고 말하는 이유 중 하나로 CMIT/MIT(클로로메틸아이소티아졸리논/메틸아이소티아졸리논) 성분을 둘러싼 논쟁이 계속되고 있다는 점을 들 수 있다. 가습기살균제는 가습기용 물에 부어 사용하는 용도의 살균제를 통칭한다. 이 살균제에는 여러 화학물질이 사용되는데, 구아니딘 계열의 PHMG와 아이소티아졸리논 계열의 CMIT/MIT를 사용한 제품(옥시싹싹 가습기당

번, 가습기메이트)이 가장 많이 판매되었다. 두 화학물질을 주성분으로 한 제품들은 시장에서 1, 2위를 다투는 제품이었지만, 주요 성분의 구분되는 물리화학적 특성으로 인해 건강에 미치는 영향에 대해 다른 판단이 이루어지곤 했다.

이 장에서는 CMIT/MIT 가습기살균제 피해를 둘러싼 논쟁을 살펴본다. 이를 통해 가습기살균제 피해가 아직 끝나지 않았다고 말하는 이유가 무엇인지 그 실타래의 일부를 풀어본다. 과학기술적 규명이나 해명이 수반되는 기술 재난에서 재난의 책임, 조사, 종결과 함께 논의되어야 하는 지점이 무엇인지 고민해 보고자 한다.

2. 가습기살균제 피해라는 느린 재난

가습기살균제 피해는 전 세계적으로도 유사한 사례를 찾기 어려운 '단일 환경 사건'으로 2,000명에 이르는 피해자를 발생시킨 대규모 재난이다(가습기살균제 사고 진상규명과 피해구제 및 재발방지 대책마련을 위한 국정조사특별위원회, 2016: 1). 가습기살균제사건과 4·16세월호참사 특별조사위원회(사회적참사조사위원회, 이하 사참위) 종합 보고서에 따르면, 1994년 이후 49종의 가습기살균제 제품이 약 996만 개 팔렸다. 2023년 12월 31일 기준 7,891명이 피해 구제를 신청했으며, 이 중 사망자는 1,843명에 이른다.

이 재난은 국회, 시민사회, 언론 등에서 사용한 표현과 같이 단일 환경 사건으로 간주할 수 있다. 보통 가습기살균제 제품으로 인한 피해를 통칭해 '가습기살균제 참사'라 명명하기 때문이다. 그런데 피해 규모가 크고 사용한 제품이 여럿이기에 재난 대응 과정이 하나로 수렴

될 수는 없었다. 제품에 사용된 성분이 다르고, 제품을 제조하고 판매한 기업이 다르고, 여러 제품을 번갈아 가며 사용한 경우가 있는 등 가습기살균제 피해는 하나의 원인과 결과로만 설명하기 어려운 재난이다.

재난을 매끄럽게 설명할 수 있는 단일한 사건으로만 바라보지 않으려는 시도는 최근 인문·사회·과학계에서 대두되고 있는 '느린 재난Slow Disaster' 개념을 통해 이해할 수 있다. 느린 재난은 과학사학자 스콧 놀즈Scott Knowles가 제안한 개념으로 재난을 기존과는 다른 시공간적 구조 속에서 바라보기를 요청한다. 전통적으로 재난은 시공간적 제약이 뚜렷하고 명확한 원인과 결과를 찾아볼 수 있으며 압도적이고 단일한 사건으로 여겨졌다. 지진이나 해일이 그 예다. 반면 기후위기, 해수면 상승, 폭염, 팬데믹과 같은 재난은 전통적인 재난 관점으로는 설명하기 어려운 부분이 있다. 하나의 명확한 원인이 존재하지 않고, 재난이 영향을 미치는 시공간적 범주를 뚜렷하게 구분할 수 없기 때문이다(Knowles, 2020). 이렇게 느린 재난은 재난을 단일하고 분리된 사건으로 보지 않고, 연결되고 확장된 시공간 속에서 장기적인 과정으로 이해하며, 재난에 대한 새로운 관점을 제시한다.

가습기살균제 피해도 느린 재난의 대표적인 사례라 할 수 있다. 피해는 2011년에 알려졌지만, 제품은 1994년부터 판매되고 있었다는 점과 피해가 알려진 이후 10여 년 동안 해결 과정이 계속되고 있다는 점에서 장기적인 과정으로서 이 재난을 이해할 필요가 있다. 특히 살균제 물질 흡입과 노출로 인한 인체 영향에 관한 연구와 피해자들의 건강에 관한 장기 추적 연구가 지속되어야 한다는 점에서 가습기살균제 피해의 시간적 범주는 한정할 수 없다.

가습기살균제에 사용된 화학물질은 대부분 살균과 항균 용도로 개발되었으며, 씻어내거나 닦아내는 용도로만 사용하도록 권장되었다. 그러나 가습기를 통해 분출된 잘게 쪼개진 화학물질 입자는 호흡기를 통해 인체로 직접 흡입되었다. 흡입 용도로 개발된 물질이 아니었기 때문에 이 물질들이 흡입을 통해 인체에 노출되었을 때 작용하는 독성에 관해서는 조사하고 연구한 바가 거의 없었다. 2011년 원인을 알 수 없던 피해의 원인이 가습기살균제로 밝혀짐에 따라 가습기살균제를 흡입했을 때 독성이 있는지 조사하기 시작했다. 오랜 시간 화학물질을 흡입했을 때 그 입자가 호흡기뿐 아니라 다른 장기에까지 영향을 미치는지, 호흡기와 다른 장기에서 어떤 종류의 질병을 유발할 수 있는지 등 아직도 조사하고 연구해야 할 내용이 많다. 그렇다면 시간이 지나 가습기살균제의 인체 영향을 연구한 결과가 쌓이고 그 영향이 확실하다고 말했을 때, 비로소 해결책을 마련하고 재난이 끝났다고 말할 수 있을까? 이 장에서 살펴볼 CMIT/MIT 유해성에 관한 법적 판결과 이를 둘러싼 논쟁은 재난의 해결 과정에서 필수로 요구되는 과학적 확실성에 대해 재고할 필요가 있음을 보여준다.

3. 뒤늦게 확인된 CMIT/MIT의 독성

흡입 독성이 비교적 빠르게 확인되고 입증된 PHMG와 다르게, CMIT/MIT의 독성은 2019년에야 정부 용역 연구[1]를 통해 확인되었다. PHMG와 CMIT/MIT는 물리화학적 특성과 항균 메커니즘이 다르다.

---

1 환경부·국립환경과학원 (2019), 「가습기살균제 성분과 호흡기 질환 유발 및 악화 사이의 상관성 규명을 위한 in vivo 연구」.

PHMG는 양이온성을 띠는 분자량이 높은 고분자 물질이다. CMIT/MIT는 비이온성의 분자량이 낮은 단분자 형태 물질이다. 고분자 물질인 PHMG는 체내 흡입 후 60% 수준이 폐에 남아 있는 것으로 밝혀진 반면, CMIT/MIT는 체내에 흡입된 후 빠르게 분해되어 체외로 배출되는 특징이 있다. 빠른 배출 특성으로 인체에 해를 끼칠 확률이 적다고 볼 수 있다는 보고도 있다. 이렇게 다른 화학적 특성으로 인해 같은 조건으로 실험한 경우 PHMG에 비해 CMIT/MIT의 폐 영향을 확인하기는 어려웠다(안전성평가연구소, 2021).

초기 조사 과정에서 누락 때문에 CMIT/MIT의 독성 확인이 늦어지기도 했다. 사참위 조사에 따르면, 2011년 초기 기도 내 투여 예비시험에서 CMIT/MIT를 주성분으로 하는 가습기살균제 제품 가습기메이트가 제외되었다. 가습기메이트의 성분과 원료 물질이 확인되지 않았기 때문이다. 당시 가습기살균제는 성분 표시 공개 의무 대상 제품이 아니었다. 가습기살균제 제품에 포함된 주요 성분이 제대로 파악되지 않았기 때문에 독성 시험도 주요 성분이 아니라 제품에 대해서만 이루어졌다. 따라서 시험 조건이나 농도 설정에도 미흡한 부분이 있었다. 독성 시험 대상 동물에 따라서도 다른 결과가 나타났는데, CMIT/MIT의 경우 시험 동물이 래트rat가 아닌 마우스mouse일 때만 폐 손상이 확인되었다. 이렇게 CMIT/MIT의 인체 영향 확인이 늦어지며 가습기메이트 사용 피해자들의 피해 배상이나 구제도 늦어졌다. 사참위는 가습기메이트의 독성이 예비 시험부터 확인되었다면 가습기메이트 사용 피해자들이 조금 더 빨리 피해를 인정받을 수 있었을 것이라 보았다(가습기살균제사건과 4·16세월호참사 특별조사위원회, 2020).

[표 3.1] 원인 미상 폐 손상 역학조사 개시 이후 주요 시험의 흐름

시기		조사 내용
2011. 7. 19. ~7. 25.	기도 내 투여 예비 시험	• 시험 동물: 마우스 • 투여량: 10배 농축, 1배, 1/2 희석 • 가습기메이트 누락
2011. 7. 26.	1차 기도 내 투여 시험 (PHMG, PGH 제품, 옥시싹싹 등)	• 시험 동물: 마우스 • 투여량: 1/10 희석(0.07mg/kg) • 가습기메이트 누락
2011. 9. 28.	흡입 독성 시험 시작	• 시험 제품: 옥시싹싹, 가습기메이트, 세퓨 • 시험 동물: 래트 • 농도: 권장 사용량의 10배
2011. 10. 18.	2차 기도 내 투여 시험 (CMIT/MIT 제품군, 가습기메이트)	• 시험 동물: 마우스 • 투여량: 1/10 희석(0.07mg/kg) • 가습기메이트 폐 손상 미확인
2011. 11. 11.	흡입 독성 시험 중간 결과 발표	• 6종 가습기살균제 수거 명령 • 옥시싹싹, 세퓨 흡입 독성 확인
2012. 2. 2.	흡입 독성 시험 종료	• 가습기메이트(CMIT/MIT) 폐 손상 미확인
2019. 12.	CMIT/MIT 폐 섬유화 확인	• 시험 방법: 기도 내 투여 시험 • 시험 물질: CMIT/MIT • 시험 동물: 마우스 • 투여량: 0.04~0.57mg/kg • 투여량 0.29mg/kg 이상에서 폐 섬유화 확인

※비고: 가습기살균제사건과 4·16세월호참사 특별조사위원회(2020) 보고서 12쪽 그림을 표로 재작성함.

4. 법정에 선 CMIT/MIT의 독성

2019년 정부 용역 연구 결과 마우스를 대상으로 한 기도 내 투여 시험에서 폐 섬유화가 확인되었다. 그렇다면 CMIT/MIT로 인해 폐가 손상된다고 말할 수 있을까? 여러 시험과 연구를 통해 CMIT/MIT가 폐에 영향을 미칠 수 있으며, 피해자들의 질병이 CMIT/MIT로 인한

것이라 볼 수 있다는 과학적 합의가 이루어지고 이를 바탕으로 정부의 피해 구제 정책이 시행되었다. 그러나 2021년 1월을 기점으로 CMIT/MIT의 인체 영향은 다시 불확실성이라는 성역에 묶였다.

2021년 1월 12일 서울중앙지방법원 형사재판부는 CMIT/MIT 성분 가습기살균제로 인한 사망, 폐 질환, 천식 사건에서 피고의 무죄를 선고했다. 피고인은 SK케미칼, 애경산업, 이마트, 필러물산 등의 임직원 13명이었다. 재판부는 판결 당시까지 이루어진 연구 결과와 전문가 증언을 종합했을 때 CMIT/MIT가 폐 질환 혹은 천식을 유발했다는 사실을 입증하기에는 증거가 부족하다고 판단했다. CMIT/MIT가 폐 질환이나 천식을 발생시켰다는 인과관계가 입증되지 않았기 때문에 나머지 쟁점은 다루어지지 않았다. 주심 판사는 판결 설명 자료를 통해 PHMG, PGH 성분과 CMIT/MIT의 위해성에 많은 차이가 있다고 말하며, "향후 추가 연구 결과가 나오면 역사적으로 어떤 평가를 받게 될지 모르겠습니다만, 재판부 입장에서는 현재까지 나온 증거를 바탕으로 형사 사법의 근본 원칙의 범위 내에서 판단할 수밖에" 없었다고 입장을 표명했다.[2]

재판부는 증거로 제출된 연구에서 CMIT/MIT 노출 농도를 비현실적인 수준까지 높이며 시험을 진행했고, 증언한 전문가 중 누구도 자신의 실험 결과로 CMIT/MIT 성분과 폐 질환에 따른 사망 사이에 인과관계가 있다는 취지의 진술을 하지 못했기 때문에 인과관계가 증명되었다고 보기 어렵다고 판단했다.

---

2 서울중앙지방법원 (2021), 「[서울중앙지방법원 2019고합142,388,501 업무상과실치사상] 판결 설명자료」.

형사재판 무죄 판결 직후, 피해자들과 시민사회단체 그리고 전문가들은 즉각 기자회견을 열어 판결을 비판했다. 가습기살균제참사피해자총연합은 "내 몸이 증거다"라고 말하며, 피해자는 있는데 가해자는 없는 판결이 내려졌다고 지적했다. 가습기살균제참사전국네트워크와 전문가들은 '가습기메이트 문제 전문가 기자회견'을 열었다. 무죄 판결의 핵심 쟁점이 CMIT/MIT의 인과관계 판단이었고, 무죄 판단의 주요 근거가 전문가들이 수행한 연구였기 때문에 전문가들이 직접 나서게 되었다.

이 기자회견에서는 한국환경보건학회의 성명서와 한국화학연구원 부설 안전성평가연구소 이규홍 박사의 입장문이 소개되었다. 한국환경보건학회는 2012년 가습기살균제 피해의 초기 사례를 연구한 단체로 학회 회원 중 다수가 가습기살균제와 관련된 연구와 활동에 참여하고 있다(박진영, 2023). 이 학회는 "재판의 대상이 피고인의 잘못이었어야 했는데, CMIT/MIT의 질환 발생 입증에 대한 과학의 한계"로 바뀌었다고 지적하면서, 피해자가 존재하는데도 동물실험에서 피해의 근거를 찾고 있으며 재판부가 과학적 방법론을 존중하지 못하고 있다고 지적했다. 결론적으로 학회는 과학의 영역과 법적 판단의 영역을 구별해야 한다고 주장하며, 과학 연구의 한계가 아니라 기업의 위법 행위가 판결의 대상이 되어야 한다고 의견을 제시했다.[3]

2011년부터 가습기살균제 주요 성분의 독성 연구를 계속해 왔으며 증인으로 재판에 참여한 이규홍 박사는 연구소를 통해 입장문을 게

---

3 한국환경보건학회 (2021), 「가습기살균제 CMIT/MIT 판결에 대한 한국환경보건학회의 성명서」.

시했다. 이규홍 박사는 판결에서 자신의 증언이 원래 발언 취지와는 다르게 인용되거나 연구 결과가 선별적으로 선택되었다고 보았다. 그는 "과학자들은 통상 단정적으로 결론을 내리지" 않으며, "하나씩 분해하여 특정 실험 결과 하나로 한정하여 분명한 인과성을 주장할 수 있느냐라고 심문하고 이를 단정적으로 증언하지 못한다고 하여 판단에 배제하는 것은 과학적 사실을 올바르게 이해하여 판단하는 것이 아닐 것"이라고 입장을 밝혔다. CMIT/MIT의 경우 PHMG, PGH와 다르게 초기에는 인과관계를 설명하기 어려웠으나 연구를 거듭하면서 인과관계 증거를 찾아낼 수 있었고 계속해서 연구 결과를 쌓아가고 있음을 밝히며, 재판에서 "과학적 연구 결과들이 올바르게 받아들여져 사용"되기를 바란다고 말했다.[4]

이렇게 법정에서 이루어지는 공판, 신문, 판결 과정에서 과학은 과학자들과 다른 방식으로 해석되곤 한다(Jasanoff, 1995). 전문가들은 재판부가 과학을 잘못 이해하고 있으며, 재판에서 자신들의 연구 결과나 발언이 오해 없이 받아들여지길 원했다. 한국환경보건학회 소속 전문가들은 기자회견에서 견해를 밝힌 것에 더해 두 편의 학술 논문을 통해 CMIT/MIT 건강 피해 연구 결과가 피해를 입증하는 데 충분하다는 점을 주장하고자 했다.[5] 저자들은 화학물질 노출로 인한 건강 피해

---

4 이규홍 (2021), 「입장문」.

5 박동욱·조경이·김지원·최상준·권정환·전형배·김성균 (2021), 「CMIT/MIT 함유 가습기 살균제 제품의 제조 및 판매기업 형사판결 1심 재판 판결문에 대한 과학적 고찰 (I) – 제품 위험성과 노출 평가 측면에서」, 《한국환경보건학회지》 제47권 제2호, 111~122쪽; 박동욱·조경이·김지원·최상준·이소연·전형배·박태현 (2021), 「CMIT/MIT 함유 가습기 살균제 제품의 제조 및 판매기업 형사판결 1심 재판 판결문에 대한 과학적 고찰 (II) – 동물실험, 폐 손상 판정기준, 개인 인과」, 《한국환경보건학회지》 제47권 제3호, 193~204쪽.

의 확실한 입증 또는 반증은 매우 어려우며, 과학에서는 가설을 세우고 이를 검증하거나 반증하는 과정을 거쳐 연구 결과가 일정 기간 동안 과학적 지식과 가치로 축적된다며 CMIT/MIT의 건강 피해를 입증할 만한 과학적 사실이 충분히 축적되었음을 보였다(박동욱 외, 2021).

5. 계속되고 있는 과학 연구와 그 너머

CMIT/MIT의 인체 영향에 관한 과학적 불확실성은 2021년 5월부터 2023년 10월까지 진행된 항소심 공판에서도 여전히 핵심 쟁점이다. 항소심이 시작된 이후로 주로 전문가 증인신문을 중심으로 재판이 진행되었다. CMIT/MIT로 인해 천식이나 기타 폐 질환이 발생할 수 있는지에 관해 임상 연구와 빅데이터 연구를 수행한 전문가들이 증인 신문을 진행했다. 2023년 2월 23일 제5회 공판에 참여한 환경운동연합 강홍구 활동가에 따르면, 기업 변호인들은 계속해서 증인들이 제출한 연구 보고서나 논문의 오류를 잡아내고 지적했다. 한 변호인은 "객관적으로 중립적으로 이뤄져야 실험 결과를 믿는데 이건 시민단체가 한 것입니다. 국가 기관 용역을 받아서 하신 건데 시민단체 소속에 원심 판단을 비판적으로 본 분들이 책임자이고 집필자이며, 실험도 했습니다. 사안을 규명하기 위한 자료라고 하시는데 그럴지도 의문입니다. 실험 내용 보고서를 보면 명백하게 1심 판결이 잘못된 걸 증명하겠다는 의도로 이뤄진 걸 알 수 있습니다. 해당 증거들은 새 실험이라기보다 종전 연구에 대한 종합, 나열이고 많은 것들이 이미 1심에 제출되었으며 탄핵되었습니다"라고 반론했다고 한다(강홍구, 2023).

가습기살균제로 인한 피해의 확실성을 뒷받침해 줄 수 있는 연구의 조건은 무엇일까? 2023년 6월 8일 제7회 공판은 12시간 동안 진행되었다. 이 공판에서는 빅데이터 연구와 역학적 상관관계 보고서가 CMIT/MIT의 유해성을 입증할 근거로 적절한지 다루어졌다. 이 공판에서도 기업 측 변호인은 연구 결과의 신뢰성을 지적하면서, 연구 대상 표본 수나 대표성에 문제가 있다고 주장했다(스마트투데이, 2023. 6. 10.). 과학적 방법의 적합성이나 엄밀성이 학계가 아닌 법정에서 집중적으로 논의되는 양상을 보인 것이다.

　　CMIT/MIT의 인체 유해성 입증을 위한 의도를 가지고 수행된 연구는 법정에서 증거로 사용될 수 없는 것일까? 2022년 12월 8일 환경부는 국립환경과학원의 연구 용역으로 수행된 연구 결과 내용을 발표하는 보도 자료를 배포했다. 경북대학교 전종호 교수 연구진과 안전성평가연구소 이규홍 단장 연구진의 공동 연구 결과, 방사성 추적자를 활용해 가습기살균제 성분 물질이 폐에 도달할 수 있음을 확인했다는 것이다. 전술했듯이, PHMG와 달리 CMIT/MIT는 체외로 빠르게 배출되어 폐까지 도달하지 못할 것이라는 게 다수의 견해였다. 연구진은 물질의 체내 이동 경로와 분포 특성을 확인하기 위해 방사성동위원소를 활용했고, 이를 통해 CMIT/MIT가 호흡기 노출로 폐에 도달해 폐 질환을 일으킬 수 있다는 사실을 보였다.[6]

　　이 연구 결과를 출판한 국제 학술지 논문의 토의Discussion 절에서 저자들은 형사재판 무죄 판결을 언급하면서, 이 연구 결과를 고려할 때 CMIT/MIT 노출과 폐 손상 사이의 인과관계를 입증한 과학적 증거가

6　환경부 (2022), 「방사성 추적자로 가습기살균제 성분물질 폐 도달 확인 – 호흡기 노출을 통한 시·공간적 체내 분포 특성 규명 –」, 2022. 12. 8. 보도 자료.

존재하지 않는다는 판결이 재고될 필요가 있다고("In the court judgment, it was stated that to date, no scientific evidence exists to indicate an association between CMIT/MIT exposure and lung injury. However, in light of the results obtained in this study on CMIT/MIT biodistribution and toxicity, these conclusions need to be reconsidered") 주장했다(Song et al., 2022). 연구 결과 발표 이후 검찰에서는 이 연구 결과를 의미 있는 자료로 보고 있다며 2심 재판의 증거로 제출할 것이라고 밝혔다.

이 연구에 참여한 전종호 교수는 6월 22일 제8회 공판 기일에서 증인신문을 진행했다. 1심에서 CMIT/MIT 성분이 폐까지 도달하지 못한다고 판단되었기 때문에, 신문에서 이 부분이 집중적으로 다루어졌다. 기업 측 변호인은 또다시 실험 조건을 문제 삼았다. 실제 가습기살균제에 사용되는 용량보다 과도하게 많은 용량을 코에 직접 노출시켰으며, 공기 중의 성분을 흡입한 것이 아니라 코에 직접 점적한 것이 현실과 동떨어진 실험 조건이라는 것이다(스마트투데이, 2023. 6. 23.). 변호인들은 물질 농도를 문제 삼으며 폐의 회복 능력, 청소 능력이라는 새로운 논점을 제기했다. 그러한 능력이나 회복 속도를 비교한 연구가 없고 데이터가 나오지 않았기 때문에 문제라고 말했다. 전종호 교수는 언론과의 인터뷰에서 자신은 물질의 체내 거동을 연구했는데, 변호사는 독성학으로 반박했기 때문에 적절하지 않다고 본다고 증인 신문에 대한 의견을 말했다(《경향신문》, 2023. 8. 13.).

2024년 1월 11일 서울고등법원 형사 재판부는 1심 무죄 판결을 뒤집고 유죄 판결을 내렸다. 재판부는 다음과 같이 가습기살균제 피해 사건을 바라보았다. "장기간 전 국민을 상대로 만성흡입독성을 일으킨 사건으로 제품 출시 전에 요구되는 안전성 검사를 수행했어야 했다. 그러나 이를 하지 않아 피해를 확대시켰고 … 중첩적 순차적 경합 결과 피해자들이 천식, 사망 등 피해를 크게 일으켰다. 재판 과정에서 피해자들은 신체적, 정신적 피해를 거듭 호소했다. 피해 원인 규명 과정에서 많은 국가, 사회적 자원이 소요되었고, 아직도 피해 해결이 되지 않았다….”[7] 1심 무죄 판결의 쟁점이었던 CMIT/MIT 인과관계도 인정되었다. 항소심 재판부는 제출 증거와 증인 신문을 바탕으로 폐 질환 또는 천식과 CMIT/MIT 사이의 일반적 인과관계를 뒷받침하는 과학적 연구도 존재한다고 볼 수 있다고 판단했다(《한겨레》, 2024. 1. 11).

항소심 유죄 판결 이후 피해자들은 1심과는 다른 판결 결과에 안도하면서도 사법 정의의 ‘반쪽짜리 실현’이라고 지적했다. 한 피해자는 1,800명이 죽었는데 ‘고작’ 금고 4년이라고 말했고, 다른 피해자는 이제부터 정부에 책임을 묻고 기업이 제대로 된 지원과 배상, 해결 방법에 대책을 세울 수 있게 노력할 것이라 말했다.[8] 판결 다음 주 피고들은 차례로 대법원에 상고했다. ‘가습기살균제참사 국가책임 소송단’ 모임을 비롯해 피해자와 피해 유족은 기자회견을 열어 너무 낮은 형량에 대한 아쉬움을 표하고 다른 소송에서도 유죄 판결이 나와야 한다며 계속해서 기업과 정부 책임을 촉구했다.

유죄 판결 이후에 여기저기서 들려오는 목소리와 앞으로 진행될 소송과 관련 활동에 관심이 가는 한편, 아직 끝나지 않았다고 말하는 가습기살균제 재난에서 이 형사재판을 비롯해 진행되고 있는 소송과

---

7 최예용 (2024), 「가해 기업에 ‘유죄판결’ 나왔던 날… “1800명 죽었는데 고작”」. 《오마이뉴스》.
8 선대식 (2024), 「‘유죄’로 뒤집힌 가습기살균제… “정부 책임 묻겠다”」. 《오마이뉴스》.

앞으로 제기될 수많은 소송의 의미를 다시 생각하게 된다. CMIT/MIT의 인체 영향을 입증할 수 있는 고도로 잘 설계된 실험 결과가 나온다면, 상고심에서 인과관계가 확정될 수 있을까. 판결을 통해 책임자에게 어떤 형량이 내려져야 마땅할까. CMIT/MIT와 관련된 소송을 보며 재난을 둘러싸고 항상 울려 퍼지는 구호인 진상 규명, 책임자 처벌, 재발 방지를 떠올린다.

CMIT/MIT의 인체 영향을 둘러싼 법적 논쟁은 재난에 관해 소송과 과학기술적 규명의 의미와 역할을 재고할 필요가 있음을 보여준다. 대법원 상고심에서 CMIT/MIT 인과관계에 대한 법적 판결이 내려지면, 이와 반대되는 주장은 판결을 이유로 쉽게 부정될 것이다. 대체로 재난을 둘러싼 책임은 소송을 통해 판단된다. 법적 처벌을 받았는지 여부는 재난 조사를 통해 규명된 책임과는 무게가 다르게 여겨진다. 따라서 재난 조사 이후에도 시민사회나 피해자 측에서는 조사를 통해 밝혀진, 책임을 져야 하는 사람이 누구인가에 관심을 갖는다. 책임자에 대한 판단 외에도 새롭게 도출된 연구 결과와 상관없이 과학적·의학적 인과관계에 관한 판단도 한번 내려진 판결을 따라간다. CMIT/MIT 형사재판에서도 PHMG 재판에서 인정된 인과관계 판결은 CMIT/MIT와 PHMG의 위해성을 구별 짓는 강력한 잣대로 작동하고 있다. 환경 요인이나 유해 물질에 따른 건강 피해에 대한 판단에서는 고엽제 소송의 대법원 판결에서 내려진 특이성 질환과 비특이성 질환의 구분이 유지되고 있다.

CMIT/MIT 사례는 재난 해결의 종착지가 법정이기만 해서는 안 되는 이유를 보여준다. 법정은 다른 민형사 사건을 다루어 오면서 축적된 판단 기준과 법리를 바탕으로 판결한다. 그러나 많은 재난이 단일한 원인과 결과로는 설명되지 않는 복잡성을 가지고 있다. 이런 상황에서 재난을 해결하는 과정과 과학기술적 규명 과정의 속도에는 차이가 있을 수밖에 없다. 재난을 이해하고 예방하기 위해 확실한 인과관계의 확인과 입증, 명쾌한 과학기술적 설명이 이루어질 필요가 있겠지만, 이것이 담보되어야만 꼭 재난의 책임이나 해결을 말할 수 있는 것은 아니다. 아직 끝나지 않았다고 말하는 재난 상황에서 어떤 부분은 절대 끝을 맺을 수 없으며 계속되어야만 한다. 가습기살균제 피해 사례에서 과학 연구와 조사가 그것이다. 법적 판단으로 인과관계가 인정되더라도 가습기살균제의 장기적인 영향을 밝히려면 지속적인 조사와 연구뿐 아니라 이에 대한 지원도 이루어져야 한다. 이러한 연구는 과학적 확실성을 찾아나가는 과정이기도 하지만, 재난에 대한 사회적 정의와 책임을 다하는 과정이기도 하다.

6. 요약과 결론

이 장에서는 가습기살균제 피해 사례 중 CMIT/MIT 피해 사례를 둘러싼 논쟁을 살펴보며 우리 사회가 기술 재난을 다루고 해결해 나가는 방식에서 중요하게 고려해야 할 점이 무엇인지 살펴보았다. 가습기살균제 제품의 주요 성분에 따라 피해와 인과관계 확인 과정에는 차이가 있었다. CMIT/MIT를 주요 성분으로 하는 제품은 초기 독성 확인 시험에서 누락되었고, 이후 몇 차례 진행된 실험에서는 인체 영향을 확인할 수 없다는 결론이 도출되었다. 그러나 거듭된 연구와 조사를 통해 2019년 CMIT/MIT 노출로 폐 질환이 발생할 수 있음을 확인했다. 이러한 조사와 연구 결과를 토대로 정부는 CMIT/MIT 노출 피해자들의 피해를 인정하고 피해 구제 정책을 시행했다. 그러나 CMIT/MIT 제품을 제조하고 판매한 기업에 대한 형사재판의 1심 재판부는 아직 CMIT/MIT 성분의 인체 영향을 확인할 만한 증거가 부족하다고 판단했다. 이에 관해 과학 연구의 주체인 전문가들은 기자회견, 입장문, 성명서, 학술 논문, 기고문 등 다양한 방식으로 재판부의 판결을 비판하고 이 판단이 과학에 대한 그릇된 이해에서 기인했다고 지적했다. 법정에서 과학적 확실성이 더 엄격히 다루어졌던 것이다. CMIT/MIT의 인체 영향을 확인하고 규명하기 위한 전문가들의 연구는 지금도 계속되고 있다. 새롭게 도출된 연구 결과는 항소심 판결에 영향을 미쳤다.

이 글은 법정에서 재난의 인과관계를 둘러싸고 반복되고 있는 논쟁의 양상을 밝히며, 법적 판결을 통해서만 재난의 책임을 지우고 해결하려는 방식을 재고할 필요가 있다고 요청한다. 과학적 확실성을 찾고 원인과 결과를 규명하는 일과 재난의 해결이나 종결을 위한 사회적 실천은 구분할 필요가 있다. 끝날 때까지 끝난 게 아닐 때, 그 끝은 어디인가. 우리 사회가 상상하는 재난의 완전한 해결이 어떤 모습인지 돌아보고 어느 시점에는 끝나야 하는 일과 그렇지 않은 일을 가려낼 필요가 있을 것이다. 재난을 기억하고 애도하자는 요청에 대한 하나의 응답으로 우리 사회의 재난 해결 과정이 보여주는 경로 의존성을 성찰하자고 제안하고 싶다.

3장 참고 문헌

Jasanoff, S. (1995), *Science at the Bar: Law, Science, and Technology in America*, Cambridge: Harvard University Press. [쉴라 재서너프, 박상준 번역 (2011), 『법정에 선 과학』, 동아시아].

Knowles, S. G. (2020), "Slow Disaster in the Anthropocene: A Historian Witnesses Climate Change on the Korean Peninsula", *Daedalus*, Vol. 149(4), pp. 192–206.

Song, M.−K., Eun Park, J., Ryu, S.−H., Baek, Y.−W., Kim, Y.−H., Im Kim, D., . . . Lee, K. (2022), "Biodistribution and respiratory toxicity of chloromethylisothiazolinone/methylisothiazolinone following intranasal and intratracheal administration", *Environment International*, Vol. 170, 107643.

가습기살균제 사고 진상규명과 피해구제 및 재발방지 대책마련을 위한 국정조사특별위원회 (2016), 「가습기살균제 사고 진상규명과 피해구제 및 재발방지 대책마련을 위한 국정 조사계획서」.

가습기살균제사건과 4·16세월호참사 특별조사위원회 (2020), 「질병관리본부의 가습기살균제 피해 대응과정에 대한 조사결과보고서」.

가습기살균제사건과 4·16세월호참사 특별조사위원회 (2022), 『가습기살균제참사 종합보고서 본권 Ⅰ』.

강홍구 (2023), 「가습기살균제 형사재판과 변론 유감」, 《함께 사는 길》.

경향신문 (2023. 8. 13.), 「연구 한계'만 캐묻는 변호인 … 법정에 선 과학, 또 '오역'될까」.

박동욱·조경이·김지원·최상준·권정환·전형배·김성균 (2021), 「CMIT/MIT 함유 가습기 살균제 제품의 제조 및 판매기업 형사판결 1심 재판 판결문에 대한 과학적 고찰 (Ⅰ) − 제품 위험성과 노출평가 측면에서」, 《한국환경보건학회지》 제47권 제2호, 111~122쪽.

박진영 (2023), 『재난에 맞서는 과학』, 믿음사.

스마트투데이 (2023. 6. 10.), 「검찰 제출 빅데이터 분석자료 등 놓고 치열한 공방」.

스마트투데이 (2023. 6. 23.), 「가습기살균제(CMIT/MIT) 몸속 존재여부 두고 '공방'」.

안정성평가연구소 (2021), 「[연구 TALK] 가습기 살균제 성분 CMIT/MIT 유해성, 과학적 입증」.

한겨레 (2024. 1. 11.), 「'가습기살균제' SK케미칼·애경 전 대표 항소심서 유죄로 뒤집혀」.

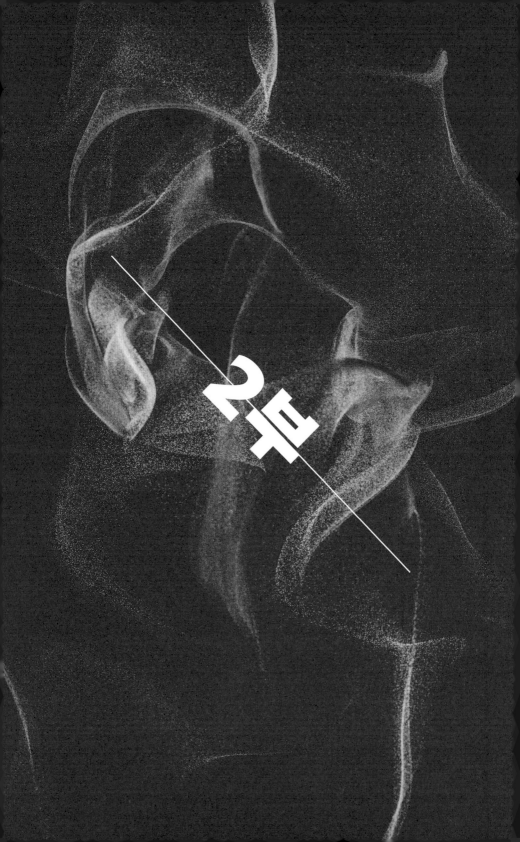

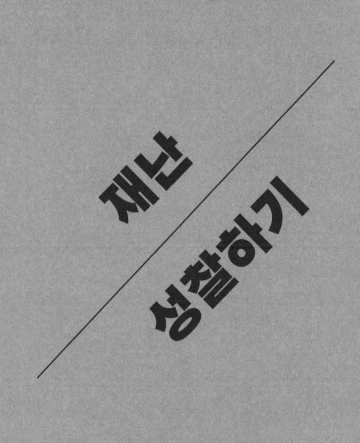

재난 / 성찰하기

4 실패로부터 배우기
: 재난조사위원회의 도전

박상은
충북대학교 사회학과 박사 수료

1. 재난 조사의 성공과 실패

　재난이 발생하면 그 원인을 밝히고 다음 재난을 예방할 대책을 세워야 한다는 생각에 대부분의 사람들이 동의할 것이다. 재난조사위원회는 이러한 기능을 담당하는 대표적 기구로, 우주왕복선 컬럼비아호 폭발(2003), 허리케인 카트리나(2005), 후쿠시마 핵 발전소 사고(2011) 등 주요 재난 시 어김없이 구성되어 활동했다. 한편, 2010년대 이후 한국에서도 재난조사위원회를 둘러싼 갈등과 실험이 이어지고 있다. 2010년대 중반부터 2020년대 초반까지 활동했던 세 개의 세월호 참사 조사위원회들에 대한 엇갈린 평가 속에, 2023년 발의되어 2024년 1월 국회를 통과한 「10·29이태원참사 진상규명과 재발방지 및 피해자 권리 보장을 위한 특별법안」은 대통령의 거부권 행사로 폐기되었다. 피해자들은 독립적 조사 기구를 구성하라고 요구하고, 정부는 현재까지 진행된 경찰과 검찰의 조사로도 충분하다고 답한다. 재난조사위원회의 필요성에 관해 서로 의견이 다른 이유는 무엇일까? 한국의 재난조사위원회의 실험은 어떠했는가?

구체적인 이야기로 들어가기 전에 재난조사위원회가 어디서 어떻게 시작되었는지 간단히 짚어보자. 재난조사위원회는 사고조사위원회와 위기위원회라는, 때로는 겹치지만 구분되는 두 계보 속에서 발전했다. 사고조사위원회는 명확히 기술 재난을 다루기 위해 구성되었다. 종합적인 재난 조사를 통해 실패로부터 교훈을 얻으려는 전통은 영미권 국가에서 19세기 이후 발전했으며, 20세기 중반에 현대 사고 조사 패러다임이 완성되었다. 초기 서너 명 소수의 기술자로 구성된 위원회는 기술적 안전을 개선하는 데 성공적인 역할을 했고, 이는 항공·철도 등 교통 영역에서 상설 조사 기구 발전으로 이어졌다(Juraku, 2017).

두 번째 계보 역시 영국과 미국을 중심으로 발전했다. 위기위원회로 명명할 수 있는 이러한 위원회들은 영국의 경우 15세기까지, 미국의 경우 18세기 건국 당시까지 거슬러 올라간다. 위원회를 통한 조사는 영미식 정부 전통에서 국가 위기를 해결하는 하나의 방식이다. 평상시의 정치 메커니즘으로 다루기에는 너무 충격적인 사건들에 대응하기 위해 위원회가 형성되며, 재난도 이런 위기 중 하나다(Kirchhoff, 2009). 이에 따라 정부나 국회가 그 권위를 뒷받침하는 조사위원회가 구성되는데, 이는 해당 사고 분야의 상설조사위원회의 존재 여부에 큰 영향을 받지 않는다. 즉, 이런 두 계보를 모두 고려했을 때, 재난조사위원회는 기술적이면서도 동시에 정치적인 사건을 다루는 기구다.

한국은 사고조사위원회와 위기위원회 두 전통이 모두 약해, 기술 재난이 빈발했음에도 이를 재난조사위원회를 통해 조사한 적이 거의 없다. 1997년 대한항공 801편이 괌에 추락했을 때 미국연방교통안전위원회NTSB가 독립적 사고 조사 기구 구성을 권고한 이후에야, 한국에서는 항공 영역의 조사 담당이 별도로 정해졌다. 현재 한국의 상설 조사 기구로는 해양안전심판원, 항공·철도조사위원회, 건설조사위원회가 있으며, 이 외에도 재난및안전관리기본법 제69조에 따라 재난원인조사단을 구성할 수 있다. 해당 조항에 따라 2013년 경주 마우나리조트 붕괴 사고 당시 재난원인조사단이 구성된 적이 있지만 그 후로는 크게 활용되지 않았는데, 세월호 참사를 계기로 특별법을 통한 재난조사위원회 구성이 유력한 대안으로 떠올랐기 때문이다. 한국에서 재난조사위원회는 세월호 참사를 계기로 처음으로 만들어져, 이후 포항 지진, 가습기살균제 참사 등도 조사위원회를 통해 조사가 진행되었다. 이 중 세월호 참사는 4·16세월호참사특별조사위원회(2015~2016), 세월호선체조사위원회(2017~2018), 사회적참사특별조사위원회(2018~2022)까지 세 개의 재난조사위원회에 걸쳐 조사가 진행되었다.

20세기의 성공과 달리, 21세기에는 "재난으로부터 배울 수 있는가"라는 질문이 제기되고 있다. 21세기에 활동한 재난조사위원회들은 위원회가 도출한 핵심 재난 원인이 근본적인 원인을 다루지 못했다거나, 반대로 더 구체적이고 실용적인 권고를 도출할 수 있는 원인에 한정해야 한다는 양쪽의 비판에 직면했다. 재난조사위원회들은 항상 부분적으로만 성공한다. 이는 한국에서도 마찬가지로, 앞서 나열한 세월호 참사 조사위원회들도 다양한 방식으로 실패했다. 그러나 세월호 참사 조사위원회들은 다른 재난조사위원회의 곤란과 궤를 같이하면서도 좀 더 독특한 방식으로 실패했다.

우리는 이제 두 가지 실패로부터 배워야 한다. 재난이라는 사회기술 시스템의 실패 그 자체로부터 배우는 것이 첫 번째 과제다. 이에 더해 우리는 재난 조사의 실패로부터도 배워야 한다. 이 글에서는 재난조사위원회의 역할을 실패의 원인 찾아내기, 책임 배분하기, 교훈 도출하기, 공동의 서사와 공동의 기억 만들기 네 가지로 나눈 후 그 의미를 설명하고, 세월호 참사 조사가 각각의 역할과 관련해 어떤 어려움을 겪었는지 살펴본다. 항상 부분적으로밖에 성공하지 못한다고 해서 재난조사위원회가 불필요할까? 그렇지 않다. 실패로부터 배우는 것은 어렵다. 하지만 '재난 조사'라는 도전은 계속되어야 한다.

2. 실패의 원인 찾아내기

재난조사위원회의 첫 번째 역할은 재난이 왜, 어떻게 일어났는지 설명하는 것, 즉 실패의 원인을 찾아내는 것이다. 이는 재난조사위원회의 다른 목표들과 모두 연결된다는 점에서 가장 기본적인 역할이다. 20세기 중반 정립된 사고 조사 프레임은 과학적인 조사를 통해 기술적인 원인을 밝혀내고, 이를 기술의 개선을 통해 해결하는 방식이었다. 이에 더해 기술을 잘못 운용한 개인이 있다면 그 개인을 처벌하거나 다른 자리에 배치하는 방식의 해결책이 일반적이었다. 이를 기술적 원인과 인적 오류 중심의 사고 조사 프레임이라고 할 수 있다.

그러나 20세기 후반부터 기술적 원인과 인적 오류로만 재난의 원인을 국한할 수는 없다는 사고방식이 힘을 얻기 시작했다. 이러한 관점은 학술 연구와 실용적 접근 양쪽에서 등장했다. 새로운 관점에 따르면, 재난에는 긴 잠복기가 있으며, 이 긴 잠복기 동안 초기 경고 신호를 제대로 읽어낸다면 재난을 막거나 완화할 수 있다. 경고 신호를 잘못 해석하거나 무시하는 것은 개인의 잘못이나 실수가 아니라 조직 구조나 조직 문화, 혹은 역사·정치·경제적 결정에 따라 발생한다. 그렇다면 재난을 예방하기 위해서는 재난의 직접적·물리적 원인뿐 아니라, 간접적·사회적 원인을 규명해야 한다(Vaughan, 2006). 잘못한 사람만 지목하지 않고 그 잘못을 일으킨 환경을 함께 살펴보면 사후확증편향hindsight bias에서 벗어날 수 있을 뿐 아니라, 개인 처벌에만 그치지 않고 시스템을 개선하는 방향으로 재발 방지 대책을 상상할 수 있다.

　재난에 긴 잠복기가 있다는 생각은 이제 그리 어렵지 않게 받아들여지는 사고방식이지만 여전히 논쟁이 되는 지점이기도 하다. 예를 들어, 세월호 참사의 원인 중 하나로 중고 선박의 사용 연한을 연장한 규제 완화를 꼽을 수 있을 것인가. 누군가는 이 규제 완화가 당연히 세월호 참사의 원인 중 하나라고 생각하지만, 선령이 더 오래된 배도 안전하게 다니고 있다는 점을 들며 이를 반박하는 의견도 적지 않다. 반드시 참사로 연결되지 않을 수 있는 여러 정책과 관행을 재난의 원인으로 인정하는 데 저항이 있는 것이다. 이 문제는 재난조사위원회 내에서도 반복되어, 기술적·인적 원인으로 재난의 원인을 한정하는 것과 조직적·제도적 원인으로 재난의 원인을 확장하는 것 사이에서 긴장이 발생한다. 언론과 학계에서 제도, 문화, 관행 등 다양한 사회적 원인을 짚는 데 비해 공식 조사 보고서에서 이러한 원인이 거의 다뤄지지 않거나 배경적 요소로 소략하게 다뤄지는 경우가 적지 않은 이유는 이 때문이다.

　직접적 원인을 지목해내고 동시에 조직적·제도적·역사적 원인까지 밝혀낸 재난조사위원회는 기술적·인적 원인과 사회적 원인의 연결고리를 잘 규명해낸 경우라고 볼 수 있겠다. 이를 위해 재난조사위원회는 물리적 원인을 특정한 후, 한 단계씩 거슬러 올라가며 조직적·제도적 원인을 규명한다. 무엇이 치명적인 폭발을 야기했는지 알아내야 했던 컬럼비아호 사고조사위원회는, 초기에는 영상 분석을 통해 발사 시 떨어져 나온 단열재가 문제라는 사실을 알아냈다. 그러나 조사는 여기에서 끝나지 않는다. 다음과 같은 질문이 중요하다. 이전에 동일한 문제는 없었는가? 있었다면 왜 동일한 문제가 치명적인 재난으로 이어질 가능성을 생각하지 못했는가? 긴 잠복기의 경고 신호를 읽어내지 못한 원인을 찾는 것이다. 컬럼비아호 폭발의 원인으로는 적은 예산, 생산 압박, 위험 신호가 대수롭지 않게 해석되도록 하는 보고 체계 등이 지적되었다.

　세월호 참사 이후 언론 보도 등을 통해 참사의 수많은 사회적 원인이 지적되었다. 앞서 언급한 규제 완화 외에도, 세월호가 취항하기까지의 민관 유착, 법적으로 정해진 훈련조차도 하지 않았던 해경의 의무 방기 등 대체로 납득 가능한 지적들이었다. 재난조사위원회가 구성되면 언론에서 단편적으로 지적했던 사항들이 더 구체적으로 드러나고, 부족했던 연결고리들이 규명되고, 정부 부처나 선사가 왜 이렇게 행동해왔는지 알 수 있게 되리라는 기대가 있었다. 그런데 세 개의 조사위원회를 거치면서 세월호 참사의 원인은 점점 더 참사의 순간 그 자체에 사로잡히게 되었다. 세월호 특조위가 활동을 시작한 2015년부터 사회적참사특별조사위원회(이하 사참위)가 활동을 종료한 2022년까지 기술적 원인 규명에서 벗어나지 못한 것이다(박상은, 2022).

　왜 조사가 진행될수록 조사의 초점이 좁아졌을까? 침몰 원인에 관한 합의가 난항을 겪으면서 세월호 참사 원인 규명은 수렁에 빠져들었다. 세월호는 낚싯바늘 모양(알파벳 J 모양)으로 빠르게 선회하면서 옆으로 기울어져 침몰했는데, 이러한 빠른 선회를 일으킨 원인이 무엇인지가 참사 직후부터 중요한 쟁점이었다. 검경합동수사본부는 세월호 참사 한 달 만인 2014년 5월 15일에 '세월호 선원의 조타 실수'가 급선회의 원인이라고 발표했다. 그러나 1년여 뒤인 2015년 4월, 세월호 선원과 청해진해운 관련 재판에서 광주고법은 조타기가 정상적으로 작동했는지 합리적 의심이 든다며, 세월호 선체를 인양해 정밀 조사를 하기 전까지는 원인을 정확히 알 수 없다고 판단했다(정은주, 2015. 5. 26.).

　세월호가 인양되어 육상에 거치된 것은 그로부터 2년 뒤인 2017년 4월이었고, 침몰 원인 규명은 세월호 인양과 동시에 출범한 세월호선체조사위원회(이하 선조위)가 담당하게 되었다. 선조위 조사관들은 조사가 시작된 후 상당 기간 침몰의 원인을 특정하지 못했다. 그러다 2018년 2월 솔레노이드 밸브 개방 검사에서 한쪽 솔레노이드 밸브가 고착된 사실이 발견되었다. 솔레노이드 밸브는 조타기의 신호를 타rudder로 전달하는 역할을 하는 부품이다. 솔레노이드 밸브가 단단히 고정된 채 발견되면서 대다수 조사관들은 기계적 문제를 침몰 원인으로 보기 시작했다. 밸브 고착으로 의도치 않게 타가 돌아가면서 복원성이 약한 세월호가 옆으로 넘어졌다고 본 것이다.

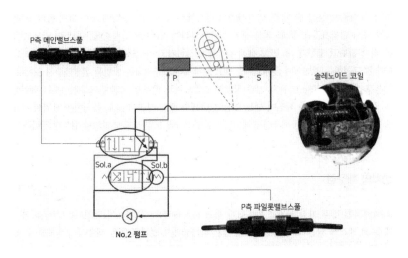

[그림 4.1] 타키펌프의 개략적인 구조와 솔레노이드 고착 발생 위치(출처: 선조위, 2018, 85쪽)

그러나 조사위원회 일부에서 이 시나리오로 침몰 원인을 합의하는 데 대한 격렬한 반대가 일어났다. '의도치 않게 타가 돌아가 복원성이 나쁜 배가 옆으로 기울어졌다'라는 서사에 반대한 이들은 특정 복원성 수치에서 선회 궤적은 맞아도, 급격한 선회율Rate of Turn, RoT과 급격한 횡경사율Rate of Heel, RoH을 만족시킬 수 없다는 이유를 들었다. 화물칸에 실려 있던 블랙박스의 복원을 통해 관찰된 뱃머리가 돌아가는 속도(선회율), 옆으로 기울어지는 속도(횡경사율), AIS에 기록된 선회 궤적이 모두 맞는 복원성 수치는 없으므로 침몰 원인은 배 바깥으로부터의 힘, 즉 외력에서 찾아야 한다는 것이었다. 이러한 주장으로 인해 선조위는 결국 하나의 유력한 설명을 제기하지 못하고, 내인설과 열린안이라는 두 개의 보고서를 발간하게 되었다.

세월호가 침몰한 순간에만 집중하는 기술적 조사에만 힘을 쏟는 경향은 이후 3년이나 활동한 사참위에도 이어졌다. 사참위는 참사의 잠복기 조사는 전혀 진행하지 않은 반면, 조타 장치 고장에 따라 세월호가 J자 모양으로 급선회할 수 있는지, 세월호의 변형·손상 부위의 원인이 무엇인지, 세월호가 옆으로 기울어진(횡경사) 원인과 침수 과정은 어떠했는지 규명하는 데 시간, 자원, 인력을 집중했다. 하지만 외력은 사참위의 조사에서도 밝혀지지 않았다. 결국 사참위는 2022년 6월 9일, 활동 종료일 하루 전 기자회견에서 세월호 침몰 원인을 규명하지 못했다며 고개를 숙였다. 사참위는 세월호 침몰 원인을 '세월호 선체 변형과 손상의 원인이 수중체 접촉에 의한 외부 충격일 가능성을 배제할 수 없으나 동시에 다른 가능성을 배제할 정도에 이르지 못해 외력이 침몰 원인인지 확인되지 않았다'라는 모호한 결론으로 끝맺었다.

3. 책임 배분하기

재난의 원인 찾아내기는 재난조사위원회가 해야 하는 두 번째 역할, 즉 재난의 책임을 배분하는 것과 깊게 연관된다. 재난 조사는 어떤 개인과 어떤 기관이 이 재난에 책임이 있는지, 누가 처벌받아야 하고, 누가 사과해야 하며, 누가 책임지고 재난의 예방을 위해 일을 해야 하는지에 대한 답을 함께 제시해야 한다.

문제는 재난에 너무나 다양한 사람들의 잘못, 실수, 무능이 얽혀 있다는 점이다. 세월호 참사의 원인 규명 실패는 다양한 사람과 조직이 얽힌 책임의 복잡한 지도를 단순화하려는 욕망이 앞서면서 발생했다. 기계 결함보다 외력이 작용했을 때 처벌받을 수 있는 사람이 명확해 보였기 때문이다.

사실 현대 기술 재난의 책임 소재는 명확히 가리기가 어렵다. 현대 기술의 복잡성으로 인해 어떤 단일한 행위자가 기술 설계부터 운용까지 전체적인 큰 그림을 책임지고 있지 않기 때문이다. 현대 기술 재난의 특징은 '책임의 파편화'다(재서노프, 2022: 64~65). 그러나 사람들은 거대한 비극에 대한 결정적 책임을 질 사람을 찾고 싶어 한다. 극단적인 사건들에 의미를 부여하려는 문화적 각본cultural script은 여전히 재난의 원인을 인간의 무책임 혹은 악의로 인식하는 근대적 제도와 근대적 상상력에 바탕을 두고 있기 때문에(Furedi, 2007), 책임에 대한 상상력은 쉽게 사법적 책임으로 한정된다.

한국에서도 책임이 법적인 것으로 한정되는 경향이 강하다. 재난 조사를 위원회의 조사와 합의가 아니라 검찰과 경찰의 수사가 대신하는 경우가 많았고(박상은, 2022), 재난의 책임을 법적으로 추궁하는 수사 및 재판 과정을 일컫는 '법적 국면'이 실제로 재난의 원인 규명에 유의미한 역할을 해왔기 때문이다(홍성욱, 2020). 이 부분에서 세월호참사 조사위원회는 독특한데, 검경이 계속 반복하는 법적 책임을 묻는 조사, 즉 수사의 프레임을 벗어나는 조사를 실시하라는 요구와 법적 책임을 추궁하라는 요구를 동시에 받고 있었다. 후자는 특히 세월호 침몰 당시 구조 실패와 연관된 정부 책임자들을 검경이 대부분 기소하지 않았기 때문에, 그 역할을 재난조사위원회가 대신했으면 하는 바람과 연결되어 있었다. 또한 2014~2015년 세월호 특별법 제정 운동 당시 가장 큰 요구 사항이었던 수사권·기소권은 결국 조사위원회의 권한이 되지 못했는데, 이로 인해 재난 조사의 실패가 사법권의 부족 때문이라는 통념이 강화되었다(박상은, 2022).

정부의 재난 책임 회피에 관해 '꼬리 자르기'나 '솜방망이 처벌'이라는 비판이 등장하는 것은 당연하다. 그러나 '국가 책임'을 대통령, 비서실장, 국정원장, 해경 지휘부 등 고위 공무원의 법적 책임을 묻는 것으로 환원하면 결국 똑같은 문제에 부딪히게 된다. 형사처벌은 피해자와 가해자가 명확해야 하고, 가해자의 특정한 행위가 피해를 발생시켰다는 선형적 인과관계가 성립되어야 하기 때문이다. 간접적이지만 근본적인 원인을 제공한 책임자, 해당 조직의 정책과 문화에 막대한 영향을 미친 책임자 등은 법적 처벌이 거의 불가능하다.

세월호 참사의 구조 실패와 관련한 조사가 개인의 잘못을 찾는 수사와 동일시되면서 부딪힌 곤란도 크다. 2014년 검찰 수사 당시 구조 실패와 관련한 법적 책임은 현장에 출동한 123정 정장만 졌다. 해경 지휘부는 감사원 감사를 통해 징계를 받았으나, 피해자들은 이들의 책임도 법정에서 판결받기를 바랐다. 해경 지휘부는 참사 발생 후 6년이 지난 2020년 2월 기소되어 재판을 받았는데, 1심과 2심 모두 무죄가 나왔다. 지휘부가 현장의 구조를 방해할 정도로 보고를 우선하게 한 사실, 해경이 승객 구조 업무를 뒷전으로 한 조직이었다는 사실에도 법적 처벌은 어려운 것이다. 해경 지휘부 재판 기록에는 어떻게 한국의 정부 부처에서 현장을 모른 채 고위 간부가 될 수 있는지, 일선 공무원과 지휘부가 얼마나 분리되어 있는지에 관한 힌트가 가득하다. 그러나 개인 처벌을 위한 수사와 재판 과정에서 조직적·역사적 원인은 주목받지 못했다. 사참위는 여기에 주목해야 했다. 이들이 해양경찰, 즉 국민을 구조해야 하는 임무를 부여받은 기관의 승진 구조, 훈련 구조,

조직 문화 등을 제대로 드러낼 수 있었다면, 반복되고 있는 재난 관리 행정의 문제에 관해 우리 사회가 숙고할 기회가 있었을 것이다.

국가 책임에 관한 논의는 지금까지 법적 책임과 정치적 책임 사이를 주로 오가는 방식으로 이루어졌다고 볼 수 있다. 이에 더해 우리는 '제도적 책임'에 대해서도 좀 더 주목할 필요가 있다. 국가가 다음 재난을 예방할 조치를 게을리하거나 잘못된 학습만 반복한다면 이 역시 책임을 다하는 것이 아니기 때문이다. 이는 재난조사위원회의 세 번째 역할인 '교훈 도출하기'와 연결된다.

[표 4.1] 국가 책임의 다양한 형태

법적 책임	정치적 책임	제도적 책임
공무원에 대한 처벌	책임 있는 정치인의 사퇴	재발 방지 대책 마련
국가 배상	공식 사과	

4. 교훈 도출하기

재난의 원인과 책임 소재를 밝혀냈다면 재난조사위원회는 이제 마지막으로 재난 정의justice의 실현과 유사한 재난을 예방하기 위한 교훈을 도출해야 한다. 이는 권고의 형태로 표현되는데, 권고는 국가의 사과와 같은 상징적 조치부터 새로운 부서의 신설, 기술적 해결책까지 다양하다.

재난조사위원회의 권고는 원인에서 도출되어야 한다. 복잡한 사회 기술 시스템의 실패 원인이 기술적인 문제에서부터 조직적 요인, 나아가 이념적ideological 요소를 모두 포함할 수밖에 없는 만큼, 권고 역시 이 모든 수준을 다 포함해야 한다. 그러나 조직과 이념 수준의 권고가 기술적인 권고보다 상상하기도, 또 실행하기도 어렵기 때문에 재난조사위원회의 권고는 기술적 해결책에 치중하는 경우가 많다. 9·11위원회는 공항 보안에 관해서는 매우 구체적인 권고안을 제시했지만, 미국의 중동 정책과 이슬람 테러리즘의 관계에 관해서는 아주 간략하게 언급했을 뿐이다. 컬럼비아호 조사위원회는 보고서의 절반을 사고의 정치적·조직적 원인을 서술하는 데 할애했지만, 실제 권고에서는 기술적인 내용이 더 많았다(Kirchoff, 2009: 182-183).

권고의 내용뿐 아니라 권고의 이행도 문제다. 재난조사위원회의 권고가 과연 이행될 수 있을지는 어디에서나 문제가 된다. 위기위원회로서 한시적으로 구성된 재난조사위원회는 보고서의 발간과 함께 종료되는 것이 일반적이다. 그러므로 재난조사위원회는 대체로 자신들이 제안한 해결책을 이행할 직접적인 권한이 없다(Kirchoff, 2009: 24). 해외의 재난조사위원회들은 자신들의 권고를 이행시키기 위해 최종 보고서의 뉴스 보도 범위를 극대화하고, 위원회 종료 후 권고 이행을 촉구할 민간 비영리 단체를 만들거나, 위원들이 자발적으로 일정 기간 모임을 지속하는 등 다양한 노력을 기울였다.

그럼에도 재난조사위원회의 권고는 지위가 불안정하다. 특히 문제가 되는 것은 위원회의 조사 결과와 권고가 나오기 전에 유사 재난을 예방하겠다는 대책이 추진되는 경우다. 후쿠시마 국회사고조사위원회는 규제하는 기관이 규제받는 기관에 의존하게 되는 '규제 포획'을 주요 원인으로 짚고, 원자력 규제 조직을 감시할 수 있는 국회 상설 위원회 설치 등 다양한 권고를 내놓았다. 그러나 주라쿠(2017)는 원자력 규제 개혁에 관한 논의가 국회사고조사위원회의 최종 보고서가 나오기 전에 시작되었다는 점을 지적한다. 그는 국회가 다른 조사 위원회는 물론, 그들 자신이 만든 위원회의 결론과 권고를 기다리지 않았다는 점을 비판했다.

한국도 예외가 아니다. 국회는 자신들이 특별법으로 만든 위원회의 결론을 기다리기보다, 언론 보도를 통해 드러난 문제들을 바탕으로 서둘러 법안을 발의한다. 세월호 참사 후 한 달 남짓 지난 2014년 5월 23일까지 국회의원들은 100건의 '세월호 관련 법안'을 발의했는데, 참사 직후 언론을 통해 지적된 사항들에 관한 대증적對症的 접근이 주를 이루었다. 세월호의 증·개축이 문제가 되자 증·개축을 금지하는 법안을 발의하거나, 세월호에 선박항해기록장치Voyage Data Recorder, VDR가 없어 급변침 원인을 규명하는 데 어려움을 겪자 내항 여객선에도 선박항해기록장치 설치를 의무화하자는 법안을 발의하는 식이다(참여연대, 2014). 정부 부처들 역시 마찬가지다. 재난이 발생하면 원인 조사가 충분히 이루어지기 전에 그간 추진해 왔거나 추진 준비 중이던 정책을 모아서 재난 대책이라고 발표하는 경우가 적지 않은데, 여기에는 조직적 개선이나 이념적 전환이 포함되어 있는 경우는 거의 없으며 대체로 기술적 해결책이 주를 이룬다. 세월호 참사 이후 발표된 안전혁신마스터플랜이 대표적이다. 한참이 지난 뒤 조사 위원회의 권고가 나올 때, 정부와 국회의 관심사는 이미 재난에서 멀어져 있다.

세월호 참사로부터 약 4년여가 지난 2018년 8월에 권고를 제출한 선조위, 8년여가 지난 2022년 9월 권고를 제출한 사참위는 권고 제출 시기 자체에서 이미 어려운 조건에 처해 있었다. 사회적 관심도가 낮아진 상황에서 해외의 다른 재난조사위원회보다 더 권위 있고, 더 설득력 있는 메시지를 발표하지 않으면 권고의 이행이 쉽지 않은 상황이었던 것이다. 재난조사위원회에 관한 선행 연구는 위원회의 최종 분석에서 상호 배타적이거나 모호한 견해가 발표될 경우, 위원회의 정책적 영향력을 하락시키고 혼란스럽게 한다고 말한다(Kirchhoff, 2009: 180). 안타깝게도 선조위는 사회적으로 '원인이 합의되지 않았다'는 메시지를, 사참위는 침몰 원인에 관해 무엇을 밝혔다고 말할 수 있을지 모를 모호한 결론을 반복하면서 권고의 권위를 스스로 무너뜨렸다. 선조위와 사참위의 권고는 국회에서 그 이행을 매년 점검하도록 되어 있다. 그러나 선조위의 권고 사항은 국회에서 점검된 적이 없다. 사참위의 권고 사항 역시 국회에서 별다른 관심을 보이지 않는 모양새다.

5. 공동의 서사와 공동의 기억 만들기

재난조사위원회의 마지막 역할은 재난 서사narrative를 남김으로써 재난에 관한 공동의 기억을 구성하는 것이다. 사회가 기억해야 할 이야기를 공인함으로써 위원회는 권고 중 일부를 관철시키는 것을 넘어, 장기적인 영향력을 행사할 수도 있다. 재난에 관한 새로운 이해는 정부와 의회가 재난을 이해하는 방식, 정책 전략을 구상하는 방식에 영향을 미칠 수 있기 때문이다.

재난조사위원회가 종료와 더불어 발표하는 재난 보고서disaster report는 재난의 원인, 책임, 교훈을 담아왔지만, 대체로 전문가들을 독자로 상정한 기술적인 내용이 주를 이루어 왔다. 한국에서는 2014년 세월호 참사를 계기로 이전의 재난 보고서들이 캐비닛에 방치된 채 읽히지 않고 있다는 사실이 주목받았고, 시민들에게도 널리 읽히는 보고서, 사회적 논의를 촉발할 보고서의 필요성이 대두되었다. 이 과정에서 9·11 보고서의 서사 형식의 설명, 후쿠시마 국회사고조사위원회의 보고서 해설 제공과 시민 참여 윤독회 개최 등의 활동이 소개되었다(최형섭, 2014).

한국에서 '시민들에게도 읽히는 보고서'는 세월호 선조위의 종합 보고서를 통해 처음 시도되었다. 침몰 원인을 설명하는 데는 많은 기술적 설명이 필요한데, 이를 일반 독자들도 이해할 수 있도록 재서술하는 작업이 STS 연구자, 기자, 활동가로 구성된 외부 집필진에게 맡겨졌다. 『세월호, 그날의 기록』과 같이 수사 기록을 바탕으로 민간에서 세월호 참사의 서사를 복원한 사례가 있기는 했지만, 국가가 재난 서사의 형태로 제시한 첫 보고서는 세월호 선조위 종합 보고서다.

선조위의 종합 보고서 실험은 긍정적인 평가를 받아, 이후 사참위에서도 유사한 방식으로 종합 보고서가 작성되었다. 그러나 선조위와 사참위의 보고서는 사회적 학습을 촉발하려던 원래 목표를 달성하지는 못했다. 선조위 보고서는 결론을 합의하지 못해 두 버전으로 발간한 결과, 사참위 보고서 역시 침몰 원인을 밝혀내지 못했다는 이유로 보고서에 포함된 다른 서사들은 주목받지 못했다.

세월호 참사 이전 국가의 수사는 종종 말단 책임자에게 거대한 희생의 책임을 돌렸다. 피해자들과 시민의 힘으로 구성한 위원회였던 세월호 참사 조사 위원회가 제대로 운영되었다면, 아마도 국가가 공인하면서도 지금까지와는 다른 재난 서사가 공동의 기억으로 남았을 것이다. '아무것도 밝혀지지 않았다'는 인상평을 넘어, 선조위와 사참위

두 보고서에 갇혀 있는 재난 서사를 다시 찾아내 사회의 기억을 재구성할 필요가 있다. 이를 위해서는 상당히 오랜 시간이 필요할 것이다.

6. 요약 및 결론

이 글에서는 사회 기술 시스템의 실패로서 재난의 원인을 조사하는 재난조사위원회가 해야 하는 역할, 그러나 그 역할을 제대로 하지 못하거나 극히 일부에서만 성공한 세월호 참사 조사의 사례를 살펴보았다. 재난조사위원회는 재난의 긴 잠복기를 드러내는 조사, 기술적이고 인적인 요인에만 한정되지 않는 조직적·구조적 원인을 파악하는 조사를 진행해야 한다. 세월호 참사 조사 위원회들에도 그 역할이 기대되었지만 실제 원인 규명은 침몰의 순간에만 집중하는 기술적 조사로 한정되었다.

한정된 기술적 조사, 결론을 내지 못한 원인 조사는 침몰 원인에 대해서도 국가의 법적 책임을 묻고자 하는 욕망이 반영된 결과였다. 재난의 원인을 규명하고 사람과 기관, 국가에 책임을 배분해야 하는 것은 재난조사위원회의 임무지만, 이때 말하는 책임의 형태가 어떠해야 하는지에 관한 상이한 이해와 혼란이 존재한다. 한국은 특히 정치적 책임이나 제도적 책임보다 법적 책임의 형태로 국가 책임이 추궁되는 경향이 더 세월호 참사 조사도 법적 처벌로 이어질 수 있는 '의도'와 '지시'를 찾는 방향으로 향하다가 제대로 된 결론을 내지 못하고 종결했다.

원인이 제대로 특정되지 않은 세월호 조사위원회의 권고가 사회적으로 영향을 미치기는 어렵다. 한시적 기구인 재난조사위원회가 권고한 사항들은 어디에서나 이행하기 쉽지 않지만, 세월호 선조위와 사참위의 경우 권고 이행 전망은 더 어둡다. 선조위와 사참위는 재난 서사를 남기기 위한 종합 보고서의 서술 스타일에서는 새로운 시도를 했다. 그러나 이들 보고서는 공동의 재난 서사나 공동의 사회적 기억을 만드는 데는 실패했다. 다시금 재난 서사가 구성되기 위해서는 긴 시간이 필요할 것이다.

세월호 특조위, 선조위, 사참위의 실패는 그다음 참사의 조사 과정에도 영향을 미치고 있다. 2022년 발생한 10·29 이태원 참사에 관한 독립적 조사 기구 설치를 지지하는 운동은 그리 크지 않았다. 이는 시간과 자원을 투여한들 유의미한 결과를 도출하지 못할 수도 있지 않느냐는 의문이 한국 사회에 적지 않았다. 그렇다고 해서 개인의 법적 책임에만 집중하는 경찰과 검찰의 수사로 재난 조사를 종료할 것인가? 조직적·이념적인 변화는 전혀 고려하지 않고 기술적 대책만 추진하는 쳇바퀴 속에 머물 것인가? '재난 조사'라는 도전을 계속하기 위해 재난 조사의 실패를 곱씹어 볼 때다.

4장 참고 문헌

Furedi, F. (2007), "The Changing Meaning of Disaster," *Area*, 39(4), pp. 482-489.

Juraku, Kohta (2017), "Why Is It so Difficult to Learn from Accidents," in Joonhong Ahn ed., *Resilience: A New Paradigm of Nuclear Safety*, Springer International Publishing.

Kirchhoff, Christopher (2009), "Fixing the national security state_commissions and the politics of disaster and reform," *doctoral dissertation, Faculty of Politics, Psychology, Sociology, and International Studies*, Cambridge University.

Vaughan, Diane (2006), "The Social Shaping of Commission Reports," *Sociological Forum*, 21(2), pp. 291-306.

박상은 (2022), 『세월호, 우리가 묻지 못한 것』, 진실의힘.

세월호 선체조사위원회 (2018), 『세월호 선체조사위원회 종합보고서 본권 Ⅰ 침몰원인조사(내인설)』.

재서노프, 실라 (2022), 『테크놀로지의 정치』, 창비.

정은주 (2015), 「세월호 침몰 원인: 알 수 없음」, 《한겨레21》 제1063호.

조상래 (2023), 「8년여의 세월호 사고원인 규명활동 결과의 정리와 분석」, 대한조선학회 미래기술보고서.

참여연대 (2014), 「세월호 참사 이후, 국회의원들은 어떤 법안을 발의했나?」, 참여연대 이슈리포트.

최형섭 (2014), 「재난의 기록」, 《Future Horizon》 21, 24~27쪽.

홍성욱 (2020), 「'선택적 모더니즘'(elective modernism)의 관점에서 본 세월호 침몰 원인에 대한 논쟁」, 《과학기술학연구》 20(3), 99~144쪽.

5 재난 보고서, 이렇게 쓰면 되는 걸까

전치형
카이스트 과학기술정책대학원 교수

1. 한국 최초의 재난 보고서

나는 두 건의 재난 보고서 작성에 참여했다. '세월호 선체조사위원회(선조위)' 종합 보고서와 '가습기살균제사건과 4·16세월호참사특별조사위원회(또는 사회적참사특별조사위원회, 줄여서 '사참위'라고 부른다)' 종합 보고서다. 선조위 보고서는 2018년 8월에, 사참위 보고서는 2022년 9월에 발간됐다. 한국에서 재난 조사를 목적으로 설립된 독립적 조사위원회가 발간한 보고서는 아직까지 이 둘뿐이다. 선조위보다 앞서 설립된 4·16세월호참사특별조사위원회(2015~2016)는 공식 종합 보고서를 내지 못하고 강제로 종료됐기 때문이다. 사회적 재난을 조사하기 위해 특별법을 만들고 이를 바탕으로 조사 위원회가 설립되고 활동한 후 종합 보고서를 발간하는 것은 모두 세월호 참사 이후 가능했던 일이다.

불과 지난 몇 년 사이에 한국 사회가 처음 경험한 일이라는 뜻이다.

재난 보고서 작성에 참여했다고 해서 내가 그 재난 보고서의 저자가 되는 것은 아니다. 나는 선조위 종합 보고서와 사참위 종합 보고서의 저자가 아니다. 위원회 안팎에서 나는 '외부 집필진' 또는 '외부 집필 위원'이라고 불렸다. 공식적으로 조사 위원회 종합 보고서의 저자는 당연하게도 그 위원회다. 종합 보고서의 관점은 위원회의 관점이고, 종합 보고서에 담긴 주장은 위원회의 주장이다. 두 재난 보고서의 외부 집필진으로 활동한 나와 동료들(선조위 집필진은 박상은, 정은주, 최형섭, 사참위 집필진은 박상은, 오철우, 유상운, 이두갑, 보조 집필진은 강미량, 김성은)은 종합 보고서에 들어간 텍스트를 작성했지만, 우리는 종합 보고서가 우리 필진의 견해를 종합한 것이라고 말하지 않으며, 그렇게 해서는 안 된다. 우리는 위원회의 시점을 취해 조사 결과를 정리하고 편집해 보고서를 작성했을 뿐이다.

보고서와 보고서 작성자 사이의 이런 모호한 관계는 내가 이 글에서 재난 보고서라는 새로운 문서의 성격을 검토하려는 시도에 영향을 미친다. 선조위와 사참위의 재난 보고서를 구성하고 서술하는 데 나와 동료들이 필진으로 참여했지만, 그 바탕이 된 방대한 조사 기록과 조사 과제별 보고서는 모두 위원회 소속 조사관들이 만들어 낸 것이다. 그러므로 선조위 보고서나 사참위 보고서의 형식과 내용에 관해 논평할 때 나는 나와 동료들이 한 일을 돌아보는 동시에 재난 조사 위원회가 한국 사회에 내어놓은 보고서의 관점과 메시지를 비판적으로 짚어보려는 것이다. 이 글에서는 2018년 말부터 활동하기 시작한 사참위가 2022년 9월에 발간한 종합 보고서 두 권(가습기살균제 참사 종합 보고서와 세월호 참사 종합 보고서)의 구성을 주로 검토하려 한다.

사참위 종합 보고서 작성 작업을 시작하면서 우리는 모든 재난 보고서의 필자가 고려할 수밖에 없는 질문들을 마주했다. 이 보고서에서 다루는 재난은 언제부터 언제까지, 어디에서, 누구에게 일어난 사건인가? 재난 보고서가 재난의 모든 것을 보고할 수 없다면 그중 무엇을 어떤 순서로 담아야 하는가? 이런 일반적인 질문에 더해 사참위 보고서 작성에는 독특한 조건이 하나 더 있었다. 가습기살균제와 세월호라는 두 가지 참사를 하나의 위원회에서 조사해 각각 보고서로 발간한다는 것이었다. 종합 보고서 두 권을 각 참사의 특성에 맞게 독립적으로 기획하면 되는지, 아니면 두 권이 어느 정도 비슷하게 구성되어야 하는지 생각해야 했다. 또 보고서를 통해 두 참사의 유사점이나 연결점을 찾으려는 시도가 필요한지, 아니면 각 참사에 대한 해석과 서술에 집중하면 되는지도 논의해야 했다. 즉, 이 두 참사를 하나의 위원회가 조사하고 정리하게 된 것이 그저 우연인지, 아니면 여기에 어떤 역사적 의미가 있는지 묻지 않을 수 없었다.

2. 두 가지 재난, 하나의 위원회

사참위가 세월호 참사와 가습기살균제 참사를 조사하면서 두 사건을 하나의 큰 틀에서 인식한 것은 아니었다. 정치적·법률적·행정적 이유로 사참위라는 하나의 위원회에서 두 참사를 다루게 되었지만, 조사의 대상, 조사의 방법, 조사에 필요한 전문성 등을 고려할 때 이 둘을 하나의 조직이 조사해야 할 필연적 이유는 없었다. 사참위 내 참사 진상 규명을 위한 조직은 '가습기살균제사건 진상규명 소위원회(1소위)'와

'4·16세월호참사 진상규명 소위원회(2소위)'로 나뉘어 있었고, 두 소위원회 사이에 재난 조사의 관점과 방향에 관한 긴밀한 협의는 없었던 것으로 보인다. 게다가 2020년 12월 통과된 사참위 특별법 개정안이 위원회 활동 기간을 18개월 연장하는 동시에 사참위 내 가습기살균제 진상 규명 활동을 종료시키자 두 참사 조사 사이의 연결은 끊어졌다. 그밖에 안전 관련 법령, 제도, 정책을 조사하고 권고하는 '안전사회 소위원회(3소위)'와 피해자 지원 대책을 점검하는 '지원 소위원회(4소위)' 내에도 세월호와 가습기살균제를 다루는 팀이 따로 구성되어 활동했다. 즉, 사참위 내에서 세월호와 가습기살균제 참사는 서로 다른 별개의 재난으로 존재했다.

사참위 종합 보고서 집필을 의뢰받은 필진은 초기부터 이 문제를 고민하지 않을 수 없었다. 동일한 필진이 세월호 참사 조사 기록도 정리하고 가습기살균제 참사 조사 기록도 정리해 각 참사에 관한 보고서를 작성하고, 이 두 권이 묶여서 사참위 종합 보고서가 될 터였다. 두 참사를 긴밀히 연결된 사건으로 설정하는 것과 굳이 공통점을 찾을 필요가 없는 별개의 사건으로 설정하는 것 모두 가능했지만, 어느 쪽이 됐든 그에 관한 필진의 관점, 궁극적으로는 사참위의 관점을 형성하는 것이 필요했다. 이 문제에 대해 미리 토론하지 않은 상태에서 무작정 각 참사의 조사 내용을 검토하고 요약하는 작업을 시작하는 것은 사참위 종합 보고서 전체의 집필을 한 팀에 의뢰한 취지에도 맞지 않았다. 물론 사참위 조사관들의 상세한 조사 결과를 요약하고 정리한 것이 종합 보고서의 주된 내용이 될 것이고, 두 참사를 담당하는 조사관들이 서로 협의하고 조정하지 않았다면 조사 결과 자체에서 두 참사를 잇는 연결고리가 쉽게 생겨날 수는 없었다. 또 조사 결과를 검토하고 승인하는 위원회의 상임·비상임 위원들이 명시적으로 요구하지 않는다면 두 참사의 공통점과 차이점 등이 공식적으로 논의되기도 어려웠다. 그럼에도 불구하고 종합 보고서 필진은 두 참사를 하나의 위원회에서 조사하고 보고서를 발간하는 일의 의의를 조금이라도 찾고자 했다.

두 참사는 전혀 다른 사건인가? 아니면 서로 닮아 있는 사건인가? 여객선의 침몰과 생활화학제품의 독성으로 인해 발생한 피해를 하나의 위원회에서 같이 조사하게 된 것에 어떤 의미를 부여할 수 있는가? 가습기살균제 판매가 1994년에 시작됐고 세월호 운항이 2013년에 시작한 것을 고려하면 두 사건은 20년이나 떨어져 있는 것 같다. 그러나 2011년 가습기살균제 피해가 널리 알려진 이후 피해자들이 싸우고 좌절해 온 것과 2014년 세월호 침몰 이후 피해자들이 싸우고 좌절해 온 것을 생각하면 두 참사는 2010년대 한국 사회에서 거의 동시에 진행됐다고 볼 수도 있다. 사참위는 1990년대의 화학물질 규제 시스템과 2010년대의 여객선 규제 시스템을 전혀 다른 사안으로 취급할 수도 있고, 2010년대 한국의 정부와 기업이 사회적 재난에 대응하는 행태를 하나의 큰 문제로 다룰 수도 있었다. 종합 보고서 필진은 비록 특수한 여건 때문에 두 참사가 하나의 위원회 앞에 나란히 놓이게 됐지만, 그것은 단지 우연이 아니며 두 사건의 연쇄 혹은 중첩이 한국 사회의 깊은 문제를 드러내 주는 것이라는 인식을 공유했다. 과연 사참위 종합 보고서가 두 참사를 더 큰 하나의 사건으로 혹은 매우 닮아 있는 사건들로 서술할 수 있을 것인가?

3. 두 가지 재난, 동일한 경험

결과부터 말하자면, 종합 보고서 두 권은 한 참사에 관한 서술이 다른 참사를 직접적으로 참조하거나 인용하는 데까지 나아가지는 못했다. 즉, 세월호 종합 참사 보고서에 가습기살균제 문제를 언급하거나 가습기살균제 참사 보고서에 세월호 문제를 언급하는 서술은 거의 들어가지 않았다. 위원회 내부의 서로 다른 조직에서 각 참사를 조사한 내용을 정리하는 동안 두 참사를 비교하거나 대조해 분석할 수 있는 여지가 별로 생기지 않았다. 당연한 결과일 수 있지만 세월호 참사 종합 보고서는 세월호 참사만을, 가습기살균제 참사 종합 보고서는 가습기살균제 참사만을 서술하고 있다. 이것은 사참위의 조직 구조와 종합 보고서 발간 계획에 따르면 어쩔 수 없는 결과이기도 하다. 사참위는 세월호 참사 종합 보고서와 가습기살균제 참사 종합 보고서를 발간하도록 되어 있었고, 두 참사를 연결하거나 비교하는 것은 사참위의 업무가 아니었다.

유일한 예외는 두 보고서의 결론에 들어간 한 문단이다. 앞서 서술한 내용을 요약하면서 참사의 의미를 제시하는 결론에서 두 참사를 연결하는 문단이 딱 하나씩 들어갔다. 억지스럽게 보일 수도 있지만 각 보고서를 마무리하는 결론에 두 참사를 명시적으로 함께 언급하는 문단을 하나라도 넣고자 한 것이다. 가습기살균제 참사 종합 보고서 결론(7장)에는 다음과 같은 문단을 넣었다. 가습기살균제 참사를 정부와 기업에 대한 국민의 신뢰가 배반당한 사건으로 해석하는 내용이다.

자신과 가족의 건강을 위해 가습기살균제를 구입해 사용했던 사람들은 기업과 정부에 철저히 배반당했다. 2014년 4월 15일 세월호 승객들이 여객선을 관리하고 운항하는 기업을 믿고 배에 올랐던 것처럼, 가습기살균제 참사 피해자들은 1994년부터 2011년까지 기업이 개발해서 출시한 가습기살균제를 믿고 사서 썼다. 승객들이 정부가 여객선에 대해 최소한의 규제와 감독은 할 것으로 믿었던 것처럼, 소비자들은 정부가 생활화학제품을 규제하고 감독했을 것이라 믿었다. 승객들이 사람을 죽일 수도 있는 위험한 배에 탄다고 생각하지 않은 것처럼, 소비자들은 사람을 죽일 수도 있는 위험한 제품을 산다고 생각하지 않았다. 가장 비극적인 배반은 국가가 국민의 생명을 보호하고 부당하게 피해를 입은 국민을 지원하리라는 기대가 무너진 것이었다. 세월호 승객들을 구하지 않은 것처럼 국가는 가습기살균제 피해자들도 구하지 않았다. 가습기살균제 사용자들이 이 사회에 대해 가지고 있던 막연하지만 타당한 신뢰는 1994년 이후 모두 무너졌다. 기업과 정부의 책임은 너무나 크고 분명하여 이 책임에서 벗어날 방법은 없다.

(가습기살균제 참사 종합 보고서, 286쪽)

그리고 이에 상응하는 문단을 세월호 참사 종합 보고서 결론(7장)에 넣었다. 가습기살균제 참사 종합 보고서에 들어간 이 문단의 각 문장에서 가습기살균제와 세월호의 위치를 바꾼 것이다. 이 문단에서는 세월호 참사에서 벌어진 일을 기준으로 가습기살균제의 의미를 해석했고, 다음 문단에서는 가습기살균제 참사에서 벌어진 일을 기준으로 세월호의 의미를 해석했다. "기업과 정부의 책임은 너무나 크고 분명하여 이 책임에서 벗어날 방법은 없다"라는 마지막 문장은 수정 없이 두 문단에서 동일하게 유지했다.

4월 15일 저녁 인천항에서 세월호에 오른 승객들은 기업과 정부에 철저히 배반당했다. 가습기살균제 참사 피해자들이 1994년부터 2011년까지 기업이 개발해서 출시한 가습기살균제를 믿고 사서 썼던 것처럼, 그날 세월호 승객들도 여객선을 관리하고 운항하는 기업을 믿고 배에 올랐다. 소비자들이 정부가 생활화학제품에 대해 최소한의 규제와 감독은 할 것으로 믿었던 것처럼, 승객들은 정부가 여객선을 규제하고 감독했을 것이라 믿었다. 소비자들은 사람을 죽일 수도 있는 위험한 제품을 산다고 생각하지 않았고, 승객들은 사람을 죽일 수도 있는 위험한 배에 탄다고 생각하지 않았다. 가장 비극적인 배반은 위험에 처한 국민이 공포에 떨면서도 가만히 기다리고 있으면 국가가 구하러 오리라는 기대가 무너진 것이었다. 가습기살균제 피해자들을 구하지 않은 것처럼 국가는 세월호 승객들도 구하지 않았다. 세월호에 오른 승객들이 이 사회에 대해 가지고 있던 막연하지만 타당한 신뢰는 4월 16일 아침 모두 무너졌다. 기업과 정부의 책임은 너무나 크고 분명하여 이 책임에서 벗어날 방법은 없다. (세월호 참사 종합 보고서, 317쪽)

마지막 결론을 작성하면서 억지로 넣은 것처럼 보일 수도 있는 문단이지만, 이를 통해 종합 보고서 필진은 두 참사가 거울에 비친 상처럼 닮아 있음을 지적하고자 했다. 가습기살균제 한 통과 여객선 한 척은 전혀 다른 크기와 성격의 사물이지만, 두 사건은 완전히 무관하다고 볼 수 없는 사태를 한국 사회에 초래했다. 화학물질 독성으로 인한 사망과 여객선 침몰로 인한 사망은 서로 다른 설명이 필요한 피해지만, 그 이후 추가로 발생한 고통은 매우 유사했다. 보고서가 "가장 비극적인 배반"이라고 표현한 것, 즉 국가가 참사 피해를 입은 국민을 포기하지 않으리라는 신뢰의 배반이 두 참사의 피해자들을 하나로 묶어주었다. 종합 보고서 발간에 맞춰 공동으로 기고한 글에서 보고서 필진은 피해자들이 공통적으로 겪은 "이중의 고통"은 단지 화학물질과 여객선이 아니라 "참사에 대응하고 피해자를 지원해야 하는 책무를 방기한 정부"가 유발한 것이라고 강조했다. "별개의 사건처럼 보이는 두 참사를 연결하는 것은 결국 피해자들의 고통을 인정하고 치유와 회복을 위해 나설 의지와 역량이 없었던 한국 정부였다"라는 것이다(보고서 필진 《한겨레》 기고).

4. 하나의 보고서, 두 가지 이야기

비록 명시적 연결은 한 문단뿐이었지만, 세월호와 가습기살균제 참사를 한국의 사회적 재난으로 나란히 두고 그 공통 특성을 제시하려는 노력은 종합 보고서 목차 구성에도 영향을 미쳤다. 억지로 맞춘 것은 아니지만 두 보고서 모두 일곱 개 장으로 구성했다. 1장은 각 참사 피해자들의 목소리를 직접 인용하면서 이들의 몸과 마음에 새겨진 고통을 기록한다. 마지막 장인 7장은 조사 결과를 바탕으로 참사의 의미와 교훈을 정리한다. 그러나 종합 보고서 목차에서 더 눈에 띄는 특징은 두 재난에서 가장 직접적인 피해가 발생하는 과정(세월호 침몰과 구조 실패로 인한 사망 및 부상, 가습기살균제 사용으로 인한 사망 및 질병)에 관한 설명이 각 보고서 분량의 절반을 넘지 않는다는 점이다.

세월호 참사 종합 보고서는 2장과 3장에서 2014년 4월 16일에 벌어진 사건을 기록한다. 세월호 선박의 침몰(2장)과 해경의 구조 실패

(3장)에 관한 조사 결과를 바탕으로 한 것이다. 가습기살균제 참사 종합 보고서는 2장과 3장에서 가습기살균제가 처음 시장에 나온 1994년부터 그로 인한 피해가 세상에 알려진 2011년 8월까지의 경과를 다룬다. 각 참사에서 가장 직접적인 인명 피해가 발생하는 과정을 종합 보고서 전체 일곱 장 중 두 장에서 거의 정리하고 있는 것이다. 두 보고서의 4장부터 6장까지는 피해가 명백하게 발생한 이후의 대응과 수습 과정 및 피해자 지원 과정을 설명하는 데 할애됐다. 세월호 보고서 4장은 희생자 시신을 수습하고 실종자를 수색하는 동안 팽목항과 진도실내체육관에서 벌어진 혼란을, 가습기살균제 보고서 4장은 살균제로 인한 피해가 확인되고 관련 증거가 드러나고 있었음에도 정부와 기업이 책임을 미루고 회피하는 모습을 다루고 있다. 세월호 보고서의 5장은 "정부는 왜 참사를 덮으려 했는가"라는 질문을 던졌고, 가습기살균제 보고서 5장은 "정부의 소극적 피해 지원"을 문제 삼고 있다. 이어지는 각 보고서 6장은 모두 참사가 여전히 진행 중이라는 점을 강조한다. 세월호 보고서 6장의 제목은 "아물지 않는 상처"이고, 가습기살균제 보고서 6장의 제목은 "참사는 끝나지 않았다"이다. 모두 재난 희생자와 그 가족들에 대한 정부의 인식, 태도, 지원 제도가 피해자들의 고통을 치유하고 일상을 회복하는 데 미치지 못했다고 지적한다.

사참위 종합 보고서는 목차를 통해 사회적 참사가 배의 침몰이나 폐 질환 발생 등의 사건만으로 구성되지 않았음을 보여준다. 정부의 초기 대응 실패 혹은 책임 회피는 피해를 가중시키고 장기화시켰다. 그뿐만 아니라 정부는 진상 규명 요구를 외면하거나, 참사의 의미를 축소하거나, 피해자를 억압하는 일에 오히려 적극적이었다. 사참위 조사의 꽤

[표 5.1] 가습기살균제 참사 종합 보고서와 세월호 참사 종합 보고서의 내용 구성

장	가습기살균제 참사 종합 보고서	세월호 참사 종합 보고서
1장	당신 탓이 아닙니다	고통의 세월, 우리는 무엇을 겪었는가
2장	안전 신화 모래성을 쌓다: 위험한 시장 확장과 구멍 난 정부 관리	세월호는 어떻게 침몰했는가
3장	위험 경보를 무시하다: 이상 징후부터 역학조사 지연까지(2000~2011)	구하지 않은 생명: 선원, 해경, 청와대는 과연 무엇을 했는가
4장	참사가 되지 못한 참사: 정부와 기업의 증거 다툼과 책임 회피	불신과 무책임의 아수라장: 팽목항과 진도실내체육관
5장	피해자 인정까지 머나먼 길: 정부의 소극적 피해 지원	회피하고, 방해하고, 괴롭혔다: 정부는 왜 참사를 덮으려 했는가
6장	참사는 끝나지 않았다: 묻지 못한 책임, 계속되는 고통	아물지 않는 상처: 치유와 회복은 과연 가능한가
7장	피해자를 위한 정의	피해자를 위한 국가는 없는가

많은 부분이 이와 같은 고통의 연장과 확대에 관한 것이었고, 그에 따라 종합 보고서도 피해 발생 이후 오늘에 이르기까지 아물지 않고 있는 고통을 참사의 중요한 일부로 다루지 않을 수 없었다. 직접적 피해 발생 이후의 부실하고 무책임한 대응이 참사의 범위를 키우거나 참사의 실태를 가려버린 것을 더 길고 넓은 참사의 일부로 지목하는 것이다.

사참위 종합 보고서 두 권의 구조가 이처럼 비슷해진 것은 당연히 보고서 집필진이 그렇게 목차를 짰고, 그것을 위원회가 승인했기 때문이다. 우리는 사참위가 조사하는 두 참사에서 볼 수 있는 공통의 흐름 또는 유형을 보고서의 목차를 통해 드러내고자 했다. 많은 생명을 앗아 간 사건이 2014년 4월 16일 하루 동안, 그리고 1994년에서 2011년까지 17년 동안 발생했고, 한국 정부와 기업은 사건에 신속하게 대응하고 피해자의 건강과 안전을 지키는 데 처참할 정도로 실패했다.

그러나 세월호 참사 종합 보고서를 쓰면서 2014년 4월 16일에 관한 내용만으로 끝낼 수는 없었다. 또 가습기살균제 참사 종합 보고서를 쓰면서 2011년 8월 말에 알려진 살균제 물질의 유해성에 관한 내용만으로 끝낼 수는 없었다. 4월 16일 하루의 사건은 세월호 참사 종합 보고서의 2장과 3장에, 1994년에서 2011년까지의 사건은 가습기살균제 참사 종합 보고서의 2장과 3장에 주로 담겼다. 그리고 그보다 많은 분량이 참사 수습 실패, 책임 회피, 진상 규명 거부 또는 방해, 피해자 지원 실패의 경위를 설명하는 데 필요했다.

　피해 발생 이후 수년 동안 참사가 종결되지 않고 오히려 피해가 확대되고 반복되었다는 점은 실로 한국식 사회적 참사의 특징이라고 부를 만하다. 사참위의 조사 활동과 종합 보고서 목차는 두 참사가 피해 발생 시점 이후 여러 해에 걸쳐 유사한 과정을 밟아왔다는 사실을 전제로 하고 있다. 또 사참위 활동 기간은 물론이고 보고서가 발간되는 시점에도 두 사건은 아직 종결되지 않았다는 것이 사참위 종합 보고서의 기본 인식이다. 세월호와 가습기살균제 참사를 통해 한국 사회는 사회적 재난이 결코 종결되지 않는다는 것, 혹은 쉽사리 종결되어서는 안 된다는 것을 당연하게 받아들이는 듯하다. 두 보고서의 6장 제목("아물지 않는 상처"와 "참사는 끝나지 않았다")이 지금과 다르게 지어졌을 가능성은 상상하기 어렵다. 2022년 시점에서 재난 보고서가 모종의 종결이나 해결을 시사하는 방향으로 작성될 수는 없었다.

　사건 발생 후 여러 해가 지나서야 겨우 공식 재난 보고서를 낼 수 있었다는 사실이 이와 같은 참사의 한국식 전형을 만드는 데 영향을 미쳤다. 진상 규명이 오래 지연된 것 자체가 참사의 범위를 확대하고 기간을 연장하는 효과를 냈다. 사참위가 활동을 시작한 2018년 무렵에는 이미 세월호 참사가 여객선 침몰로 인해 희생자가 다수 발생한 사건을 훨씬 뛰어넘어 길게 지속되는 재난으로 인식되고 있었다. 가습기살균제 참사도 마찬가지였다. 오히려 2011년 이후 정부와 기업의 대응 과정에서 생겨난 문제들이 더 많았다고 할 수도 있다. 피해가 확인된 시점부터 8년(세월호)과 11년(가습기살균제)이 지난 뒤에야 발간된 사참위 종합 보고서는 어쩔 수 없이 피해 발생 과정뿐만 아니라 그 이후 진상규명 및 피해자 지원을 둘러싼 논란과 좌절까지 참사의 일부로 삼아 다룰 수밖에 없었던 것이다.

'사회적 참사의 진상규명 및 안전사회 건설 등을 위한 특별법'이 규정하고 있는 사참위의 업무는 다음과 같았다. 이 중에서 3번의 '정부 대응의 적정성에 대한 조사'와 8번의 '피해자 지원대책의 점검' 등이 사참위 종합 보고서에서는 초기 피해 발생 이후 정부의 조치나 태도로 인해 연장되거나 추가된 피해를 서술하는 부분으로 이어졌다고 할 수 있다.

1. 가습기살균제사건과 4·16세월호참사의 원인 규명에 관한 사항

2. 가습기살균제사건과 4·16세월호참사의 원인을 제공한 법령, 제도, 정책, 관행 등에 대한 개혁 및 대책 수립에 관한 사항

3. 가습기살균제사건과 4·16세월호참사와 관련한 구조구난 작업과 정부대응의 적정성에 대한 조사에 관한 사항

4. 인양되어 육상거치된 세월호 선체에 대한 정밀조사

5. 가습기살균제사건 또는 4·16세월호참사 관련 특별검사 임명을 위

한 국회 의결 요청에 관한 사항

6. 재해·재난의 예방과 대응방안 마련 등 안전한 사회 건설을 위한 종합대책 수립에 관한 사항

7. 위원회 운영에 관한 규칙의 제정·개정에 관한 사항

8. 피해자 지원대책의 점검에 관한 사항

9. 제1호부터 제8호까지의 업무 수행을 위하여 위원회가 필요하다고 판단하는 사항

사실 2017년 말에 제정된 사회적 참사 특별법에 적힌 위원회의 업무는 2014년 11월에 제정되어 2015년 초에 시행된 '4·16세월호참사 진상규명 및 안전사회 건설 등을 위한 특별법'이 규정하고 있는 '4·16세월호참사 특별조사위원회'의 업무와 거의 같다. 이후 '세월호 1기 특조위'라고 불리게 된 위원회의 업무를 규정했던 각 항의 첫머리에 "가습기살균제사건과"라는 문구를 넣었을 뿐이다. 거기에 2015년에는 아직 바닷속에 있었으나 2017년에는 목포신항에 거치되어 있던 세월호 선체를 조사하는 업무가 추가됐고 세월호 참사 관련 언론보도 문제를 조사하는 항목이 빠진 정도다. 즉, 2015년부터 2016년까지 활동한 세월호 1기 특조위와 2018년부터 2022년까지 활동한 사회적 참사 특조위는 "정부대응의 적정성에 대한 조사"와 "피해자 지원대책의 점검"이라는 업무를 동일하게 부여받았다.

그러나 둘 사이에는 커다란 시간 간격이 있었다. 활동 종료 시점을 기준으로 6년이나 차이가 났다. 2022년에 기록하는 "정부대응의 적정성"과 "피해자 지원대책"은 2016년에 기록하는 것과 다를 수밖에 없

다. 특히 "피해자 지원대책의 점검" 범위는 시간의 흐름에 따라 계속 늘어났다. (가습기살균제 참사의 경우 기준으로 삼을 1기 특조위는 없었지만 조사 범위의 확장이라는 조건은 유사하다.) 사참위의 세월호 참사 종합 보고서는 2014년과 2015년 무렵의 책임 회피, 피해자 억압, 특조위 활동 방해부터 2020년 무렵의 4·16생명안전공원 건립 노력까지 참사 관련 조사, 갈등, 기억, 추모의 문제를 폭넓게 서술했다. 가습기살균제 참사 종합 보고서도 2011년 이후 폐손상위원회 구성 등 피해자 인정을 둘러싼 쟁점들부터 관련 기업에 대한 수사와 재판, 2017년 '가습기살균제 피해구제특별법' 제정, 사참위 활동 기간 중 실시한 피해자 찾기 사업까지 참사가 참사로, 피해자가 피해자로 인정받기 위한 오랜 과정을 다루었다. 참사의 책임을 인정하는 대신 덮어버리려 했던 정부 때문에 "아물지 않는 상처"가 남아 고통은 계속되고 있으며, 그러므로 "참사는 끝나지 않았다"라는 메시지가 양쪽 보고서에 담겨 있다.

사참위 종합 보고서가 서술하는 세월호 참사와 가습기살균제 참사는 재난의 역사를 연구하는 이들이 오랫동안 강조해 온 관점에 잘 들어맞는 것처럼 보인다. 재난은 한순간에 충격적으로 발생하는 사건이 아니며 더 오랜 시간에 걸쳐 형성된 사회적·경제적·정치적 맥락 속에서 진행되는 과정이라는 인식이다. 그러므로 당장 눈앞에 벌어진 피해를 복구하고 피해자에게 보상이나 배상을 한다고 해도 애초에 재난을 유발했던 여러 문제와 모순이 남아 있는 한 재난은 쉽사리 종결되지 않는다. 재난을 조사하거나 수습하려는 시도는 새로운 문제와 고통을 유발하기 마련이며 피해자와 그 가족은 재난 이전의 삶으로 돌아가기 어렵다. 학자들은 재난 수습을 위한 공식적인 절차가 마무리된 후에도 지속되는 피해자들의 고통에 주목하면서 재난을 바라보는 보다 넓고 장기적인 관점을 제시해 왔다. 이는 세월호와 가습기살균제 참사에서 우리가 목격한 과정이며, 사참위 종합 보고서도 충격적 사건 발생 이후의 과정에 많은 관심과 분량을 할애했다.

하지만 사참위 종합 보고서의 구성을 (그럴 일이 없다면 좋겠지만) 앞으로 한국에서 나오게 될 다른 재난 보고서들이 당연히 참조하거나 차용해야 한다고 말하기는 조심스럽다. 참사의 배경과 발생부터 보고서 발간 시점까지 짧게는 8년, 길게는 28년의 기간을 한 권으로 정리하는 것, 그러면서 앞서 있었던 위원회나 조사의 실패, 진행 중인 피해자 지원 실태까지 모두 검토하는 방식을 다음 보고서에서도 채택해야 할까? 종합 보고서 필진이 토론을 거쳐 이와 같이 목차를 구성하고 위원회가 그것을 승인했을 당시에는 참사 피해자들을 포함해 많은 이의 노력으로 어렵게 설립된 사참위에서 최대한 많은 것을 정리해 주어야 한다는 인식이 있었다. 그런 공감대 속에서 가장 직접적인 피해가 발생하는 과정은 각 보고서 2장과 3장에, 그에 대한 대응과 조사, 피해자 지원 또는 배제의 과정은 4장부터 6장까지 배치했다. 이를 한 권의 서사로 엮으면 참사의 면모를 종합적으로 보여줄 수 있다고 판단했고, 이는 사참위의 맥락에서는 거의 필연적인 선택이었다. 그러나 바로 그 종합적인 성격 때문에 각 참사에 대한 이해에 빈틈이 생겼다는 해석도 가능하다.

현재와 같은 구성은 일차적인 재난 피해가 발생한 원인과 과정(세월호의 침몰과 구조 실패, 가습기살균제 사용과 발병)에 대한 서술이 충분하지 않다는 인상을 준다. 세월호 침몰 직후 또는 가습기살균제 피해 공론화 직후에 특조위가 꾸려졌더라면 그 자체로 상당한 분량의 종합적인 설명이 필요했을 사건이 더 길고 넓은 재난의 일부로 다루어진 것처럼 보이는 것이다. 독자가 사참위 종합 보고서를 통해 두 재난이 도대체 왜 발생했는지를 제대로 이해할 수 있을지 필진의 입장에서도 확신이 없다. 세월호와 가습기살균제로 인한 희생의 의미를 그 이후 수년 동안 전개된 조사, 은폐, 좌절, 회복 등의 전체 과정 속에서 넓게 이해할 수도 있지만, 이후의 전개를 모르는 시점에서 사건 발생 과정을 그 자체로 깊이 이해해야 할 필요도 있다. 사참위 종합 보고서는 그런 필요를 충족하지는 못한다. 이는 단지 분량의 문제가 아니라 종합 보고서의 구성이 위원회 활동 시기의 영향을 받았기 때문에 생긴 일이다. (물론 부속서로 함께 발간된 진상규명 소위원회[1소위와 2소위] 보고서들이 각 참사 발생 경위에 관한 더 자세한 정보를 제공하고 있다. 그러나 이 글에서 내 관심은 일반 국민을 독자로 상정하는 '종합 보고서'가 적절한 분량 내에서 사건 발생의 원인과 경과를 충분히 다룰 수 있는가에 있다.)

각 종합 보고서에서 참사 발생에 대한 서술이 과연 충분했는지 묻는 것은 보고서 2~3장이 이후 대응과 지원 과정을 다루는 4~6장에 비해 덜 주목받았다는 불평이 아니다. 오히려 그 반대의 현상이 나타났다. 특히 세월호 참사 종합 보고서의 경우에 그랬다. 종합 보고서의 절반 이상이 정부 대응, 피해자 지원 등에 할애되었음에도 불구하고 언론(과 대중)의 관심은 여전히 사건 발생 원인, 즉 세월호 침몰 원인에 관한 결론에 집중됐다. 세월호 침몰은 외력의 작용, 더 정확하게는 잠수함 충돌 때문이었다는 주장을 사참위가 어떻게 정리할지가 핵심 쟁점이었고, 결국 사참위가 이 문제를 두고 확실한 결론을 내리지 않았다는 식의 보도가 많았다. 문제는 침몰 원인 관련 논란이 (과도하게) 주목을 받으면서 같은 보고서 4~6장에 있는 의미 있는 조사 결과들이 제대로 관심을 받지 못했다는 것이다. 정부가 세월호 참사 피해자를 탄압하고 조사를 방해하는 과정에서 저지른 잘못에 대한 조사 결과가 잠수함 충돌설 논란에 가려져 버렸다고 할 수 있다. 사참위가 최초로 밝혀냈거나 사참위가 있었기 때문에 밝혀낼 수 있었던 내용이다.

5. 한국형 재난 보고서

참사 발생 단계부터 현재에 이르는 과정을 포괄적으로 서술하려는 시도가 그 의도와 달리 각 단계에 대한 이해의 초점을 흐리는 결과를 낳았을까? 외부 필진이 제안하고 위원회가 승인한 현재 보고서의 구성은 두 참사의 공통 특징, 즉 피해 발생 직후 정부의 부실한 대응과 지원이 피해를 더 키우는 경향을 드러내는 데 쓸모가 있었다. 그러나 이런 구성이 참사의 전반부와 후반부 각각에 대한 깊이 있는 분석과 관심을 희석시키는 결과를 낳은 것은 아닐까? 조금씩 다른 측면에 주목해야 할 참사의 단계들을 이어놓은 것이 오히려 각 단계에 대한 보다 명확한 이해를 어렵게 한 것은 아닐까?

물론 이처럼 재난의 전반부와 후반부, 즉 피해 발생 단계와 그에 대한 수습, 복구, 지원 단계를 나누는 것에는 여러 허점이 있을 것이다. 2014년 4월 16일 오후부터 팽목항과 진도실내체육관에서 벌어진 일은 재난의 발생과 전개 단계인가, 아니면 수습과 복구 단계인가? 둘 다라고 해야 할 것이다. 2011년 8월 말 정부가 가습기살균제의 위험성을 공개적으로 알리고 제품 사용 자제를 권고한 시점에서 가습기살균제 참사는 대응과 수습 단계에 들어갔다고 말할 수 있는가? 그렇지 않다고 답할 수밖에 없다. 재난을 연구하는 역사학자, 사회학자, 인류학자는 이와 같은 단계 구분 자체에 문제가 있다고 지적할 것이다. 재난에서 더 본질적이고 일차적인 피해 발생 단계가 있고 그로부터 파생되는 수습, 복구, 회복 단계가 있다고 가정하는 것은 재난을 사회적·역사적 과정으로 이해하는 데 방해가 된다고 말할 것이다.

그러나 재난을 역사적·학문적으로 돌아보는 것이 아니라 당장 재난 보고서를 작성하고 발표하는 과제를 맡았다면, 재난의 어느 단계까지 보고서에 들어가야 하는지, 또 보고서를 하나로 엮어낼지 아니면 둘로 나눌지를 고민하지 않을 수 없다. 두 개의 재난을 하나의 위원회에서 조사하고 보고서를 쓸 경우에는 더 복잡한 고려가 필요하다. 두 재난의 공통점이나 차이점이 무엇인가? 위원회가 그 공통점과 차이점을 지적할 필요가 있는가? 물론 이것은 종합 보고서 작성 단계에서 모두 결정할 수 있는 사안이 아니며, 조사위원회 기획과 설립 단계에서 미리 논의해 위원회 구성에 반영해야 하는 일이다. 사참위 설립을 준비할 때부터 위원회가 종료될 때까지 그와 같은 논의가 있었다는 흔적은 찾을 수 없었다.

사참위 종합 보고서는 재난을 대하는 한국 사회의 태도와 역량이 반영된 독특한 문서다. 사참위 종합 보고서는 2010년대 한국 사회가 경험한 재난을 단순 관찰자 시점에서 기록한 것이 아니다. 보고서의 목차, 범위, 내용뿐만 아니라 보고서의 발간 과정 자체가 (현재도 진행 중이라고 할 수 있을) 재난의 일부였다. 조사위원회가 늦게 꾸려지고 종합적인 재난 보고서가 늦게 작성되면서 보고서가 다루는 재난의 범위와 단계가 달라졌다. 만약 세월호와 가습기살균제 참사 모두 초기 피해 발생 직후 자세한 보고서로 정리되었다면, 2018년 사참위가 당시와 같은 형태로 설립되지 않았을 수도 있고, 또 2022년 발간된 사참위 보고서의 후반부 내용은 상당히 바뀌었을 것이다. 일단 발생한 재난을 신속하고 철저하고 투명하게 조사해 그 결과를 공유한다면 이후 수습과 피해자 지원 단계에서 정부와 피해자가 하는 결정과 행동에 영향을 미칠 수밖에 없기 때문이다. 두 참사 발생 이후 사회적·정치적 합의를 통해 공식 진상 규명이 신속하게 시작되고 그 결과가 참사 발생 1년 또는 2년 내에 발간됐다면 지금 우리가 사회적 재난을 경험하고 이해하는 방식도 달라졌을 것이다. 안타깝게도 그런 일은 일어나지 않았다.

5장 참고 문헌

가습기살균제사건과 4·16세월호참사 특별조사위원회 (2022), 『4·16세월호참사 종합 보고서』.

가습기살균제사건과 4·16세월호참사 특별조사위원회 (2022), 『가습기살균제참사 종합 보고서』.

박상은 (2022), 『세월호, 우리가 묻지 못한 것: 재난 조사 실패의 기록』, 진실의힘.

사참위 종합 보고서 필진 (2022. 9. 3.), 「세월호·가습기 참사는 느닷없이 일어나지 않았다」, 《한겨레》.

장예지 (2022. 6. 10.), 「세월호 '외력설'에 헛심, 가습기는 뒷전 … 사참위 활동 종료」, 《한겨레》.

한겨레 (2022. 6. 9.), 「사설: 외력설만 좇은 3년, 단일 결론 못 낸 세월호 사참위」, 《한겨레》.

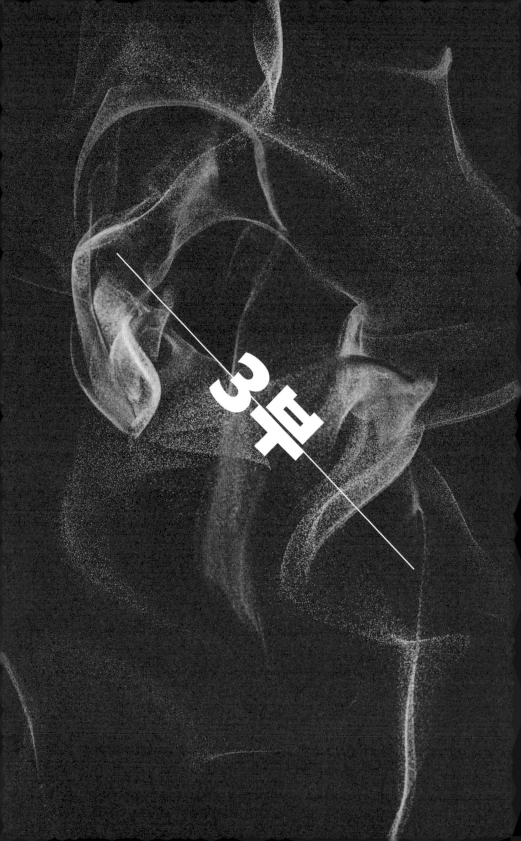

미세먼지와 / 괭데믹

6 미세먼지 재난, 법정에 서다

: 어떤 데이터를 쓸 것이며
누구/무엇에 책임을 물을 것인가

김주희
서울대학교 과학학과 강사

1. 서론

2019년 3월 13일, 국회 재석 의원 238명 중 찬성 236명, 기권 2명이라는 압도적 지지 속에서 재난 및 안전관리 기본법(이하 재난안전법) 일부 개정 법률안이 통과되었다. 여·야를 막론하고 속전속결로 통과된 이 개정안의 핵심 내용은 바로 미세먼지를 '사회 재난'으로 규정하는 것이었다. 미세먼지 오염이 심각하다는 인식은 이제 상식이 되어버린 현대 한국에서 미세먼지가 사회 재난이라는 것은 일견 당연한 말처럼 느껴진다. 하지만 미세먼지가 다름 아닌 '사회'적인 '재난'이라는 말은 한 번쯤 뜯어볼 필요가 있다.

현행 재난안전법에 따르면, 재난이란 "국민의 생명·신체·재산과 국가에 피해를 주거나 줄 수 있는 것"을 뜻한다. 2004년에 제정되어 여러 차례 개정을 거듭해 온 재난안전법은 2014년부터 재난을 크게 '자연 재난'과 '사회 재난'으로 분류하기 시작했는데, 그 구체적인 내용은 다음과 같다(재난 및 안전관리 기본법[2023. 1. 5.] 제3조 제1항).

1) **자연 재난**: 태풍, 홍수, 호우臺雨, 강풍, 풍랑, 해일海溢, 대설, 한파, 낙뢰, 가뭄, 폭염, 지진, 황사黃砂, 조류藻類 대발생, 조수潮水, 화산활동, 소행성·유성체 등 자연우주물체의 추락·충돌, 그 밖에 이에 준하는 자연현상으로 인하여 발생하는 재해

2) **사회 재난**: 화재·붕괴·폭발·교통사고(항공사고 및 해상사고를 포함한다)·화생방사고·환경오염사고 등으로 인하여 발생하는 대통령령으로 정하는 규모 이상의 피해와 국가핵심기반의 마비, 「감염병의 예방 및 관리에 관한 법률」에 따른 감염병 또는 「가축전염병예방법」에 따른 가축전염병의 확산, 「미세먼지 저감 및 관리에 관한 특별법」에 따른 미세먼지 등으로 인한 피해

여기서 재난 분류를 위해 사용되는 자연/사회의 이분법은 개념 정의의 차원을 넘어서서, 재난으로 인한 비용을 누가 부담하느냐라는 현실적인 문제에서도 매우 중요한 구분으로 작동한다. 현행법에 따르면, 자연 재난이나 사회 재난[9]이 일어났을 때 국가 또는 지방자치단체 등에서 재난 구호나 피해 복구를 위한 비용의 전부 또는 일부를 부담

---

[9] 사회 재난 중에서도 재난안전법 제60조 제2항에 따라 특별재난지역으로 선포된 지역의 재난을 의미한다.

하게 되어 있다. 그런데 사회 재난에 한하여 재난의 원인을 제공한 자가 따로 있는 경우, 국가 또는 지방자치단체는 추후 그 원인 제공자에게 지출한 비용의 전부 또는 일부를 청구할 수 있다. 즉, 자연 재난과 달리 사회 재난은 그 '원인 제공자'가 재난으로 인한 비용을 부담해야 할 수도 있는 것이다.

그렇다면 미세먼지의 원인 제공자는 누구/무엇인가? 당초 재난안전법 개정안이 국회 행정안전위원회 법안심사소위원회에서 논의되었을 때도 미세먼지의 발생 요인을 둘러싸고 정부 부처별로 이견이 드러난 바 있었다. 산업통상자원부는 고농도 미세먼지가 "대기정체, 황사 등 기상요인"의 영향을 받아 발생하는 것이므로 자연 재난이라고 본 반면, 행정안전부와 환경부는 "발전과 산업, 수송, 생활 등 인위적 요인"에 의해 발생하는 사회 재난이라고 본 것이다(아주경제, 2019; KBS, 2019). 결국 당시 정치권은 미세먼지 발생에 인위적 요소의 개입이 있다는 합의를 바탕으로 미세먼지를 사회 재난으로 지정하면서도, 미세먼지와 관련된 여러 인과관계가 명확하지 않기 때문에 원인 제공자에 대한 비용 청구는 실질적으로 어려울 것이라 전망하기도 했다(매일경제, 2018; SBS, 2019). 이와 같은 논쟁은 미세먼지가 '사회 재난'으로 분류되는 것이 결코 당연하지 않았다는 점을 잘 보여준다.

미세먼지를 '재난'으로 간주하는 것 역시 그 의미를 곰곰이 짚어볼 필요가 있다. 앞서 살펴본 재난 분류에 명시된 것들은 일회성이나 단발성을 띠는 사건·사고가 즉각적이고 폭발적이며 강력한 피해를 입히는 경우가 대부분이다. 태풍, 낙뢰, 지진, 화재, 폭발 사고와 같은 재난을 떠올려 보라. 하지만 미세먼지는 이러한 재난과는 다른 특징을 지닌다. 미세먼지 오염은 단발적으로 발생한다기보다는 여러 차례 반복적으로 형성되며 장기간 지속되기도 한다. 미세먼지로 인한 피해 역시 즉각적이기보다는 오랜 시간이 지난 후에 나타나는 경우가 많다. 미세먼지 고농도 현상이 발생하면 호흡기 질환이 급격히 악화되는 등 즉각적인 피해가 발생하기도 하지만, 장기간 미세먼지에 노출된 결과는 대부분 시간이 꽤 흐른 뒤에 나타나는 것으로 알려져 있다. 미세먼지는 '느린 재난'인 것이다.

2. 느린 재난, 데이터, (법적) 책임

느린 재난이라는 개념은 환경인문학자 롭 닉슨^{Rob Nixon}의 '느린 폭력'에 대한 논의를 바탕으로 한다. 닉슨은 그의 책 『느린 폭력과 빈자의 환경주의』에서 일반적인 폭력의 사례와는 조금 다른, 느린 폭력이라는 개념을 제시한다. 흔히 폭력이라 하면 "시간적으로는 즉각적이고 공간적으로는 폭발적이거나 극적인, 바로 눈 앞에서 충격적으로 펼쳐지는 사건이나 행동"을 떠올리게 된다. 이에 반해 닉슨이 강조하는 느린 폭력이란 "극적이지도 즉각적이지도 않지만 점점 더 불어나고 축적되며, 그 영향력이 넓은 시간 규모에 걸쳐 퍼져가는" 것이다(롭 닉슨, 2020: 18). 대체로 눈에 잘 보이지 않고, 오랜 시간에 걸쳐 진행되며, 그 파괴적인 영향이 시공간을 넘어 퍼져 나가는 종류의 폭력이 바로 느린 폭력인 것이다.

이와 같은 느린 폭력의 특징은 사람들의 관심을 이끌어 내는 데 불리하게 작동하기도 한다. 즉각적인 흥미를 충족시키는 것에 치중하는 시대에, 오랜 시간 서서히 진행되는 재난에 이목을 집중시키기란 어려울 수밖에 없다는 것이 닉슨의 진단이다. 전쟁이나 쓰나미처럼 극적인 재난은 그것을 접하는 사람들에게 강렬한 감정을 불러일으키지만, 느리게 벌어지는 재난의 이미지나 이야기는 그다지 흥미롭지 않기 때문이다. 따라서 중요한 것은 느린 폭력을 어떤 방식으로 '표현representation'하고 나타낼 것인가의 문제다. "만연하기는 하되 손에 잘 잡히지 않는 폭력을 드러내기에 안성맞춤인 솔깃한 이야기·이미지·상징"을 찾아내는 일이 관건인 것이다(롭 닉슨, 2020: 19).

느린 재난으로서 미세먼지 역시 마찬가지다. 미세먼지는 눈에 보이지 않게 지속되는 오염이고 그 영향이 즉각적이지 않기 때문에 사람들의 관심으로부터 멀어지기 일쑤다. 물론 미세먼지 고농도 현상이 발생할 때면 뿌옇게 변한 잿빛 하늘의 이미지가 사람들에게 경각심을 불러일으키기도 한다. 앞서 살펴본 재난안전법 개정도 미세먼지에 대한 국민적 관심이 있었기에 가능했을 것이다. 하지만 고농도 미세먼지와 같이 극적인 경우가 아니라 하늘이 맑을 때도 미세먼지 오염도는 높게 나타날 수 있다. 이렇게 장기간 미세먼지에 노출되었을 때 어떤 영향이 있을지 우리는 아직 모르는 것이 많다. 그렇다면 미세먼지라는 느린 재난의 파급력은 어떤 식으로 드러낼 수 있을까?

문화인류학자로서 환경 재난을 연구해 온 킴 포춘Kim Fortun은 재난에 대한 데이터가 구체적으로 어떻게 생산되는지 살펴볼 필요가 있다고 강조한다(킴 포춘, 2021). 데이터를 어떤 방식으로, 어떤 규모와 척도로, 어떻게 수집하고 처리하느냐에 따라, 재난이나 그로 인한 피해는 선명하게 드러날 수도 있고, 반대로 모호하게 흐려질 수도 있기 때문이다. 이와 같은 주장은 과학기술학STS의 오랜 문제의식과 맞닿아 있는 것이기도 하다. 흔히 '과학적 데이터'라는 말에는 객관성에 대한 기대가 담겨 있다. 과학적으로 얻어진 데이터라면 가치 중립적이고 누가 봐도 객관적인 어떤 것이리라는 기대 말이다. 하지만 많은 과학기술학 분야의 선행 연구가 잘 보여주듯이, 과학 데이터는 누가, 언제, 어디서, 무엇을, 어떻게 알아내고 표현하느냐에 따라, 같은 대상에 대해서도 결과가 천차만별일 수 있다.[10] 미세먼지 데이터도 마찬가지다. 서울의 미세먼지 오염은 그것을 측정하느냐, 모델링하느냐에 따라 다르게 나타날 수 있다. 같은 지점에서 측정하더라도, 누가 어떤 기기와 측정 방법을 쓰느냐에 따라 그 결과 값은 다르게 나올 수 있다.

이 글에서는 미세먼지 오염과 그 영향을 보여주는 다양한 데이터 중에서도 미세먼지 배출원별 오염 기여도에 대한 데이터에 주목하고자 한다. 오염 물질은 어디에서 배출되며 어떻게 미세먼지 오염으로 이어지는가? 오염 기여도 데이터 역시 다른 모든 과학 데이터와 마찬가지로 분석의 범위나 규모, 방법 등에 따라 같은 오염 사례에서도 그 결과가 매우 다를 수 있다. 예를 들어, 얼마나 오랜 기간에 대해 오염 물질의 이동을 추적할 것인지, 시간별 평균, 일평균, 연평균 농도 중 어떤 것을 쓸지, 대기질 모델로 무엇을 쓸지 등에 따라 분석 결과는 달라진다. 그런데 여기서 오염 기여도 데이터는 오염에 대한 책임이 누구/무엇에 있는지의 문제와 매우 밀접한 관련이 있기 때문에, 서로 다른 데이터는 첨예한 갈등과 대립의 씨앗이 되기도 한다. 현대사회에서 이처럼 데이터와 책임의 문제가 서로 뒤얽혀 있다는 것이 가장 선명하게 드러나는 공간 중 하나가 바로 법정이다.

---

10 과학기술학의 주요 문제의식과 관련해서는 한국과학기술학회에서 출간한 『과학기술학의 세계』(2014)를 참고할 수 있다.

법정은 미세먼지로 인한 손해에 대해 법적 책임을 묻고 피해의 회복을 꾀할 수 있는 가능성의 공간이지만, 이를 위해서는 넘어야 할 산이 많다. 무엇보다도 책임 소재를 명확하게 하려면 미세먼지의 주범이 누구/무엇인지를 밝혀내야 하는데 이는 결코 쉽지 않은 일이다. 미세먼지는 국내의 산업, 수송과 같은 인간 활동에 영향을 받지만 지구온난화로 인한 대기 정체나 황사 등으로 심화되기도 한다. 이렇게 다양한 오염원과 요인이 복잡하게 상호 작용하며 발생하는 것이 미세먼지라면, 어떤 것이 미세먼지의 원인을 가장 잘 보여주는 데이터일까? 시공간적으로 느리게, 광범위하게 발생하는 미세먼지라는 재난은 어떤 데이터로 가장 적절하게 표현될 수 있을까? 이와 같은 질문들을 토대로 다음 절에서는 서울 대기오염 소송(2007~2014)과 한·중 정부 상대 미세먼지 소송(2017~2020)을 살펴본다. 각각의 사례에서 미세먼지 오염의 주요 배출원을 입증하는 데 어떤 데이터들이 쓰였는지, 이와 같은 데이터들은 재난의 시공간을 어떤 식으로 드러내거나 가렸는지 소송에 쓰인 과학 데이터들을 들여다보고자 한다. 국내 법정에서는 느린 재난으로서 미세먼지 오염의 시공간을 어떻게 다루고 있을까?

3. 자동차 배기가스는 대기오염의 주범인가?

서울 대기오염 소송[11]은 느린 재난으로서의 미세먼지 오염에 대한 법적 책임 소재가 처음으로 재판을 통해 다뤄진 사례라고 할 수 있

---

11 서울중앙지방법원 2010. 2. 3. 선고 2007가합16309 판결 [대기오염배출금지청구등]; 서울고 등법원 2010. 12. 23. 선고 2010나35659 판결 [대기오염배출금지청구등]; 대법원 2014. 9. 4. 선고 2011다7437 판결 [대기오염배출금지청구등].

다. 2007년 2월, 환경 단체인 녹색연합은 서울에서 거주하거나 근무한 적이 있으며 호흡기 질환을 앓고 있는 시민들을 원고인단으로 모집해 대한민국, 서울시, 자동차 제조사들(현대자동차, 기아자동차, 지엠대우, 대우버스, 타타대우상용차, 쌍용자동차, 르노삼성자동차)을 상대로 소송을 제기했다. 원고들의 청구 내용은 크게 두 가지였다(원고 소송대리인, 2007: 1). 첫째, 서울에서 세계보건기구의 권고 기준을 초과하는 이산화질소와 미세먼지가 배출되도록 해서는 안 된다(대기오염물질 배출금지청구). 둘째, 피고들은 각자 원고들에게 각 금 3,000만 원 및 이에 대한 이 사건 소장부본 송달일 다음 날부터 다 갚는 날까지 연 20%의 비율에 의한 금원을 지급하라(손해배상청구).

서울 대기오염 소송의 핵심 쟁점은 피고들의 행위와 원고들의 피해 사이의 인과관계 문제였다. 원고들에 따르면, 서울 지역 대기오염의 주요 배출원은 자동차(특히 경유 자동차)이며, 원고들의 호흡기 질환은 대기오염에 의해 발병하거나 악화된 것이었다. 따라서 대기오염이 다량으로 발생할 것을 알고도 자동차를 제조·판매한 제조사들, 그리고 관련 규제 의무를 게을리하면서 별다른 제한 없이 수많은 자동차가 서울 지역에 통행할 수 있도록 한 대한민국과 서울시는 책임을 져야 한다는 것이 원고들의 주장이었다. 이와 같은 주장이 성립하기 위해서는 가장 먼저 서울 지역 대기오염의 주요 배출원이 자동차 배출 가스라는 점이 입증되어야 했다. 소송 초반 원고들은 "서울에 있어서 대기오염의 주된 원인은 자동차 배출 가스"이며 그중에서도 경유차가 대기오염의 주범이라는 점은 "주지의 사실"이라고 보았다(원고 소송대리인, 2007: 4). 하지만 소송이 진행됨에 따라 자동차 배기가스가 대기오염의 주요

[표 6.1] 2003년 서울 지역의 오염 물질 및 발생원별 대기오염 물질 배출량
(환경부, 2006: 2) **(단위: 톤)**

구 분	CO	NH3	NOx	PM10	SOx	TSP	VOC
계	177,983	5,567	108,307	4,707	7,635	4,864	86,691
에너지 산업 연소	571	29	604	14	562	18	85
비산업 연소	9,143	311	15,544	313	5,493	442	837
제조업 연소	335	17	1,534	7	209	9	50
생산 공정	0	44	0	0	0	0	0
에너지 수송 및 저장	0	0	0	0	0	0	3,617
유기용제 사용	0	0	0	0	0	0	49,613
도로 이동 오염원	160,355	2,083	65,591	3,452	896	3,452	27,694
비도로 이동 오염원	7,407	72	23,875	916	345	916	2,846
폐기물 처리	172	0	1,159	5	130	27	1,949
자연 오염원	0	2,979	0	0	0	0	0
농업	0	32	0	0	0	0	0

원인인지 여부는 매우 논쟁적인 사안이었음이 분명하게 드러났다.

원고들은 서울시 대기오염의 60~70%가 자동차 배출 가스에 의한 것이며, 호흡기 질환을 일으키는 이산화질소나 미세먼지의 경우 경유차에서 배출되는 비중이 압도적이라고 강조했다. 원고들의 주장은 국가에서 운영하는 대기정책지원시스템Clean Air Policy Support System, 이하 CAPSS의 대기오염 물질 배출 목록에 따른 배출량 통계 자료를 근거로 한 것이었다. CAPSS 자료는 배출원별로 미세먼지와 질소산화물을

포함해 일산화탄소CO나 황산화물SOX 등의 배출량을 산정한 것이다([표 6.1] 참고). CAPSS 자료를 바탕으로 원고들은 질소산화물과 미세먼지의 총 배출량 중 도로 이동 오염원 배출량이 차지하는 비율이 각각 60.6%, 73.3%이며, 서울 지역의 전체 대기오염 물질 배출량 중 도로이동오염원의 배출량이 66.9%에 달한다고 지적했다. 한마디로 자동차 배출 가스가 서울 지역 대기오염의 주요 원인이라는 주장이었다(원고소송대리인, 2007: 19; 2008. 1.).

이에 대해 피고 측에서는 CAPSS 자료가 대기 중에 존재하는 모든 대기오염을 포함한 것이 아니며, 그중 일부만 반영한 자료라는 점을 지적했다. 이와 같은 주장은 피고가 제시한 다음 다이어그램에 잘 나타나 있다([그림 6.1] 참고).

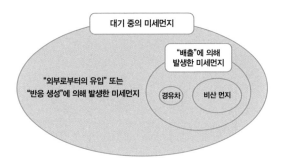

[그림 6.1] 피고 자동차 제조사들의 준비 서면에 실린 다이어그램(피고 자동차 제조사 소송대리인, 2008: 6을 토대로 필자가 새롭게 작성한 그림)

대기 중 미세먼지는 크게 '배출', '외부로부터의 유입', '반응 생성'의 세 가지 경로로 발생한다. 여기서 '배출'은 공장이나 발전소, 자동차나 선박과 같이 인위적인 배출원에서 배출되는 경우를 뜻한다. '유입'의 대표적인 사례로는 중국에서 편서풍을 타고 날아오는 미세먼지가 있으며, '반응 생성'의 사례로는 대기 중 햇빛에 의한 광화학 반응을 통해 생성되는 미세먼지를 들 수 있다. CAPSS 자료는 이 중에서 '배출'에 의해 발생하는 대기오염 물질 배출량만 포함하고 있다. 따라서 피고 자동차 제조사들은 외부 유입이나 반응 생성으로 인한 미세먼지를 제외한 채 배출에 의해 발생한 미세먼지 중에서 자동차에서 배출된 미세먼지의 비율을 따지는 것은 적절하지 않다고 비판했다. 이는 "분모를 최대한 작게 만들어 대기오염에 대해 자동차의 기여도를 과장"하는 것이라는 주장이었다(피고 자동차 제조사 소송대리인, 2009: 7-8).

피고 자동차 제조사들은 자동차 배기가스의 대기오염 기여도를 정확하게 판단하기 위해서는 '수용 모델receptor model'을 취해야 한다고 주장했다. 여기서 수용 모델이란 관심 지역(수용 지점)에서 직접 공기 샘플을 포집한 뒤, 샘플 내 대기오염 물질의 특성(크기나 구성 성분 비율 등)을 토대로 배출원을 역추적하는 방식이다. 여기서 수용 모델 연구의 가장 중요한 특징은 분석의 대상이 되는 공기 샘플 안에 '배출'뿐만 아니라 '유입'과 '반응 생성'으로 인한 물질이 모두 그대로 들어 있다는 것이다. 피고 측은 이와 같은 수용 모델을 활용한 연구를 여럿 인용하면서 대기오염의 발생에는 자동차를 제외한 다른 요인들의 기여도가 70% 이상이라고 주장했다(피고 자동차 제조사 소송대리인, 2009). 이와 같은 데이터는 자동차를 대기오염의 주범으로 볼 수 없다는 것을 함축하고 있었다.

원고들은 피고들이 강조하는 '반응 생성'으로 인한 오염이나 비산

먼지 역시 자동차가 주요 원인임을 강조하는 전략을 펼쳤다. 예를 들어 대기 중에서 '반응 생성'되는 2차 미세먼지의 대표적인 사례인 질산염의 경우, 도로 이동 오염원의 기여율이 63.8%에 달했다.[12] 비산 먼지의 대부분을 차지하는 도로 재비산 먼지는 자동차에 의해 직접 발생하거나(브레이크, 타이어, 도로의 마모), 차량이 도로를 주행할 때 먼지가 다시 흩날리면서 발생한다. 결국 반응 생성된 미세먼지나 비산 먼지 역시 대부분 자동차가 원인이라는 것이 원고들의 주장이었다. 피고들은 배출, 유입, 반응 생성 등을 통해 형성된 전체 대기오염 중에서 자동차의 기여도를 따져봐야지, 각각의 항목을 따로 떼어내는 방식으로 애초부터 분모를 작게 만든 뒤 자동차의 기여도를 과장하는 원고들의 데이터는 적절하지 않다고 맞섰다.

피고 자동차 제조사들의 주장은 대기오염에 대한 일반적인 상식이나 경험에 부합하는 것이기도 했다. 서울 지역의 대기를 포집하면 그 안에는 중국에서 넘어오거나 대기 중에서 화학 반응을 통해 생성된 미세먼지가 분명 존재할 것이다. 그런데 이것들을 의도적으로 제외한 채 기여도를 계산하는 것은 '사실'과는 동떨어지지 않는가? 1심 재판부 역시 "자동차가 대기 중의 미세먼지, 이산화질소 등의 주요 배출원이라고 단정할 수 없"다고 판단하며 피고들의 손을 들어주었다. 원고들이 주요하게 인용한 CAPSS 자료에는 "생성 또는 유입으로 인한 부분이 누락"되어 있으므로 문제가 있다는 것이었다(서울중앙지방법원, 2010). 결

---

12 63.8%는 '분산 모델dispersion model'을 통해 나온 수치다. 서울 대기오염 소송에서 쓰인 분산 모델과 수용 모델에 대한 더 자세한 논의는 김주희의 『대기오염 데이터와 책임의 공동 구성: 데이터의 수행성과 한국의 대기오염 거버넌스』(2024)의 6장을 참고하라.

국 자동차 배기 가스가 대기오염의 주범이라는 원고들의 주장은 1심 (2010년 2월), 2심(2010년 12월), 3심(2014년 9월) 판결 모두에서 받아들여지지 않았으며, 재판부는 세 차례 모두 원고 패소 판결을 내렸다.

이쯤에서 한 가지 생각해 봐야 할 것이 있다. 미세먼지 오염의 상당 부분을 차지한다고 판단이 내려진, '유입'과 '반응 생성'으로 만들어진 오염은 그 책임을 누구/무엇에, 어떻게 물어야 할 것인가? 중국발 미세먼지를 실어 나르는 편서풍에 우리는 책임을 물을 수 있는가? 광화학 반응을 일으키는 햇빛은 어떠한가? 특히 피고 자동차 제조사들은 재판 내내 서울 지역의 대기오염 중 중국에서 유입되는 미세먼지의 비중이 매우 크다는 점을 계속해서 강조했다. 그렇다면 과연 국내 법정에서 중국에 법적 책임을 묻는 것은 가능한 일일까?

4. 중국발 미세먼지에 법적 책임을 물을 수 있는가?

서울 대기오염 소송이 시작되었던 2007년으로부터 10년이 지난 2017년 5월, 최열 당시 환경재단 대표, 김성훈 전 농림부 장관과 시민 등 총 90여 명은 한국 정부와 중국 정부를 상대로 소송을 제기했다. 한국 정부가 미세먼지 오염을 제대로 규제하거나 관리하지 않았으며, 이로 인해 원고들은 천식이나 알레르기를 앓게 되고 활동에 제약이 생기는 등 피해를 입었다고 주장했다. 이들은 중국 정부 역시 대한민국 정부와 연대해 원고 측에 정신적 손해에 대한 위자료를 배상해야 한다고 주장했다. 중국의 대기오염이 우리나라에 미치는 영향이 "적어도 32% 이상"임에도 불구하고 중국 정부는 "그 책임을 회피하고 이에 관한 정보도 비공개 및 공유하지 않"고 있다고 지적했다(서울중앙지방법원, 2020:

11). 원고들은 이와 같은 중국 정부의 행위가 국제환경법의 주요 원칙으로 여겨지는 '환경 손해를 야기하지 않을 책임No Harm Rule'[13]을 위반했다고 보았다.

서울 대기오염 소송에서 자동차를 대기오염의 주범으로 볼 수 없다는 판단의 기저에는 중국에서 유입된 물질이 국내 오염의 상당 부분을 차지한다는 것을 보여주는 데이터들이 있었다. 그렇다면 한·중 정부 상대 미세먼지 소송[14]에서는 중국의 기여율이 어떻게 논의되었을까? 이와 관련해 판결문에서 '기초 사실'로 인정된 연구는 크게 세 가지다. 첫째, 한·미 협력 국내 대기질 공동조사Korea-US Air Quality Study, KORUS-AQ의 2017년 예비 종합 보고서, 둘째, 국립환경과학원과 서울시 보건환경연구원의 2018년 미세먼지 고농도 현상 분석 결과, 셋째, 동북아 장거리 이동 대기오염물질 공동조사사업Joint research project for Long-range Transboundary Air Pollutionts in Northeast Asia, 이하 LTP의 2019년 요약 보고서 내용이 그것이다.

KORUS-AQ 예비 종합 보고서의 데이터는 2016년 5월 2일부터 6월 12일까지 서울 올림픽공원에서 초미세먼지를 측정하고 모델링해 국내외 기여율을 산정한 것이었다. 그 결과 국내 요인의 기여율은 52%, 국외 요인은 48%였으며, 국외 요인의 기여율은 중국 내륙 34%, 북한 9%, 기타 6%로 나타났다. 여기서 한 가지 짚고 넘어가야 할 점은 KORUS-AQ의 목표가 중국과 같은 국외 요인의 기여율을 확인하는

---

13 "국가들은 자국의 관할권 또는 통제 내에서의 활동이 타국의 환경에 손해를 야기하지 않도록 보장할 책임이 있다"라는 것을 골자로 하는 원칙이다(박병도, 2017: 332).

14 서울중앙지방법원 2020. 12. 11 선고 2017가합23139 판결 [손해배상(기)]

것은 아니었다는 사실이다. KORUS-AQ는 한국의 국내 오염원이 오존이나 초미세먼지의 지역적 오염에 어떻게 영향을 미치는지 살펴보는 것을 목적으로 한 연구였다. 5월~6월에 측정이 수행된 것도 국외에서 유입되는 오염물질로 인한 영향이 크지 않고 일조 시수가 길어 광화학 반응이 활발한 시기였기 때문이다. 연구진들은 봄과 겨울에 주로 발생하는 미세먼지 고농도 사례에는 국내 오염원뿐만 아니라 중국과 같이 국외에서 유입되는 오염 물질의 영향이 복잡하게 뒤얽히기 때문에 오존이나 초미세먼지 오염의 국내 발생 원인을 분석하는 것이 어려워진다고 보았다(국립환경과학원·NASA, 2017; 환경부, 2017).

반면, 국립환경과학원과 서울시보건환경연구원의 2018년 연구는 미세먼지 고농도 현상을 분석한 것이었다. 2018년 3월 22일부터 27일까지 미세먼지 고농도 현상이 발생한 원인을 수도권 집중 측정소의 관측 자료나 위성 자료를 바탕으로 모델링 등을 통해 분석한 것이다. 그 결과 판결문에 인용된 것처럼 "2018. 3. 22. 59%로 출발한 중국 등 국외 영향이 23일 69%까지 높아진 이후 점차 낮아져서 25일부터 29일까지는 32%~51% 수준을 보"인 것으로 나타났다(서울중앙지방법원, 2020: 10). 국립환경과학원은 같은 해 1월에 있었던 미세먼지 고농도 현상의 경우 국내에서 배출된 오염 물질이 대기 정체로 인해 발생한 것이라 본 반면, 3월의 고농도 현상은 국외 미세먼지 유입 이후 국내 배출 효과가 더해지면서 2차 미세먼지가 활발하게 생성됨에 따라 나타난 것이라고 보았다(환경부, 2018).

한편 LTP는 동북아 장거리 이동 대기오염 물질의 현황을 파악하고 대책을 마련하기 위해 1996년부터 진행되어 왔으며, 판결문에 인용된 2019년의 보고서는 한·중·일 3국 주요 도시의 2017년 초미세먼지 연평균 농도에 대한 국내외 영향을 분석한 것이었다. 그 결과 각국의 자체 기여도, 즉 각국의 배출원이 각국 내의 오염에 자체적으로 기여한 정도는 한국 51%, 중국 91%, 일본 55%로 나타났다. 여기서 한국 3개 도시(서울, 대전, 부산)에 대한 중국의 평균 영향은 32%로 나타났다. 판결문에서는 자세히 다뤄지지 않았지만, 이 32%라는 평균치의 이면에는 한·중·일 연구진마다 큰 차이를 보인 기여도 데이터가 있었다. 대표적으로 서울시 초미세먼지에 대한 중국의 기여율을 중국 연구진은 23%, 한국과 일본의 연구진은 39%라고 분석했다. 한국의 자체 기여도 역시 중국 연구진은 63%, 일본 연구진은 30%라고 보았다. 국립환경과학원에서는 국가별로 사용한 모델이나 구체적인 옵션 설정 등이 달랐기 때문에 이와 같은 차이가 발생했다고 설명했다(LTP, 2019; 환경부, 2019).

2020년 12월, 한·중 정부 상대 미세먼지 소송의 1심 판결에서 재판부는 국내 미세먼지 오염에 대한 중국의 기여도를 다룬 위의 세 연구들을 다툼이 없는 기초 사실로서 판결문에 명시했다. 그렇다면 32%부터 69%까지 널뛰는 숫자들 속에서 재판부는 어떤 판단을 내렸을까? 결과는 중국 정부에 대한 소를 '각하'한다는 것이었다. 이는 재판부가 한국 정부에 대한 원고들의 소를 '기각'한 것과는 큰 차이가 있는 것이다. '기각'이란 원고들의 주장에 대해 판단을 거쳐 그 내용을 인정할 수 없다고 보는 것이다. 반면 '각하'란 청구 내용에 대한 판단 없이 소를 받아주지 않고 소송을 종료하는 것이다.

그렇다면 중국 정부에 대한 청구가 각하된 이유는 무엇일까? 재판부는 미세먼지와 관련된 중국 정부의 행위가 한국의 재판권으로부터 면제된다고 보았다. 중국이 미세먼지 관련 정보를 공개하지 않고 공유를 거부하는 등의 행위는 "사경제적 또는 상업적 성질을 가지는 사법적私法的 행위라기보다는 공법적公法的 행위로서 주권적主權的 행위"라는 것이다. 만약 외국 기업이 국내에서 불법 행위를 저질렀다면, 그 경우에는 국내 재판부가 재판권을 행사할 수 있다. 하지만 미세먼지 소송의 경우에는 중국 정부의 "주권적 활동에 대한 부당한 간섭이 될 우려"가 있기 때문에, 재판 관할권이 없다는 결론이 난 것이다(서울중앙지방법원, 2020: 12).

하지만 주권이나 재판 관할권에는 국경이 있을지 몰라도, 미세먼지에는 국경이 없다. 미세먼지는 국경을 아랑곳하지 않고 넘나들며, 느린 재난의 하나로 우리네 삶에 크나큰 영향을 미친다. 국외에서 유입되는 먼지가 국내 오염의 상당 부분을 차지하지만, 재판 관할권의 문제로 법적 책임을 물을 수 없다면, 도대체 미세먼지 오염에 대한 책임은 누구/무엇에 물어야 하는가?

5. 요약 및 결론

지금까지 살펴본 소송 사례들을 통해 알 수 있는 것은 다음과 같다. 첫째, 미세먼지 오염원별 기여도를 나타내는 데이터는 단일하지 않다. 자동차 배출 가스나 중국발 대기오염이 국내 미세먼지 발생에 얼마나 기여하는지는 논쟁적인 사안이었다. 어떤 오염원까지 포함해 계산하는지, 어느 시기에 측정을 수행하고 어떤 모델을 쓰는지에 따라 기여도를 계산한 값은 완전히 다르게 나타났기 때문이다. 이렇게 소송에서 제시된 서로 다른 과학 데이터는 오염의 책임이 누구/무엇에 있는지에 대해서도 상이한 결론을 함축하는 것이었다. 따라서 각각의 데이터가 구체적으로 어떻게 생산된 것인지, 법적 책임 소재를 논의하는 데 더 적절한 데이터는 무엇일지 고민하는 일은 매우 중요하다.

둘째, 미세먼지 데이터에 담긴 시공간적 제약을 인지할 필요가 있다. 예를 들어, 미세먼지 측정 데이터는 흔히 오염을 가장 정확하게 보여주는 데이터로 여겨지지만, 시공간적으로는 하나의 지점에 대한 정보만 담고 있기도 하다. 미세먼지가 시공간적으로 어떻게 움직이며 달라지는지, 다른 물질들과 어떻게 상호 작용하는지에 대해 측정 데이터만으로 알 수 있는 것은 많지 않다. 오염의 시공간적 변화를 예측하거나 모사하는 모델링 데이터도 분석을 수행하는 시공간적 범위를 무한정 늘릴 수는 없다는 한계가 있다. 이에 모델링 결과는 시공간적 스케일을 어떻게 설정하느냐에 따라 크게 달라지는 것이기도 하다. 따라서 과학 데이터가 어떤 시공간에 대한 것인지 살펴보면서, 확장된 시공간에서 느린 재난을 더 잘 포착해 내는 데이터란 어떤 것일지 상상해 볼 필요가 있다.

셋째, 법은 느린 재난을 다루는 데 한계를 보였다. 원인(재난)으로 인한 결과(피해)가 즉각적으로 나타나지도 않고, 그 둘 사이의 관계가 명확하지도 않은 재난은 법정에서 다루기에는 곤란한 것이 아닐 수 없었다. 이는 확장된 시공간에서 느린 재난을 보여주는 과학 데이터가 아직 많이 부족한 탓일 수도 있지만, 애초에 법에서 요구하는 정도의 확실한 인과관계를 느린 재난에서 찾는 것이 거의 불가능하기 때문일 수도 있다.[15] 이런 맥락에서 보면 법정이라는 시공간은 과학기술학자 브뤼노 라투르Bruno Latour가 말한 의미에서 매우 '근대'적이다.

라투르는 현대사회가 사회/자연, 주체/객체, 인간/비인간과 같은 근대적 이분법을 가로지르는 혼종들을 끊임없이 만들어 내면서도, 그것들이 이분법의 어느 한쪽에 귀속될 수 있는 것처럼 가장해 왔다고 지적한다. 하지만 이러한 이분법은 실제로는 제대로 작동한 적이 없으며 "우리는 한 번도 근대인이었던 적이 없"었다는 것이 라투르의 지적이다(브뤼노 라투르, 2009). 이러한 관점에서 보면, 현대의 법이 행위나 손해, 인과관계를 다루는 방식도 근대적 이분법을 바탕으로 한다고 할 수 있다. 주체/객체, 인간/비인간과 같은 구분을 명료하게 하는 것은 입법이나 사법 과정에서 필수적이다. 법적으로 재난을 정의할 때도 사회/자연의 이분법이 중요하게 활용되지 않았는가. 그런데 앞서 살펴보았듯이 느린 재난으로서 미세먼지의 발생과 그로 인한 피해는, 라투르 식으로 말하면 '혼종적'인 측면이 있다. 미세먼지 오염은 인간 활동에 의해서도 발생하지만 사막과 같은 토양에서도 발생하며, 기후변화로 인한 대기 정체나 이상기후와 맞물려 더 심화되기도 한다. 미세먼지는 인간에게 각종 질병을 일으키며 식물의 생장도 저해한다. 미세먼지라는 재난은 근대적 이분법의 어느 한쪽만으로는 포착할 수 없다는 특징을 지니고 있는 것이다.

이렇게 혼종적 특징을 보이는 미세먼지 재난이 법정이라는 근대적 시공간에서 제대로 다뤄지지 못하고 있는 것은, 어찌 보면 필연적

---

15 서울 대기오염 소송에서 인과관계 입증의 어려움이 어떻게 나타났는지와 관련해서는 김주희·이두갑(2020)을 참고할 수 있다.

인지도 모른다. 그렇다면 미세먼지 재난으로 인한 피해의 회복은 어떻게 꾀해야 할 것인가? 법이라는 제도가 근대적 이분법을 던져버려야 한다고 주장할 것인가? 이 글에서 살펴본 소송 사례들이 보여주는 것은, 어쩌면 모든 문제의 최종적인 해결을 사법적으로 구하려는 시도만이 능사는 아닐 수 있다는 점이다. 물론 법적인 해결은 두말할 필요 없이 매우 강력하고 중요한 것이다. 하지만 당장의 법 제도가 느린 재난을 담아내는 데 명확한 한계를 보이는 것이라면, 다른 시공간에서 어떤 방식으로 치유와 회복을 꾀할 수 있을지 모색할 필요가 있다. 이때 느린 재난을 더 잘 보여주기 위해서는 어떤 과학 데이터가 필요할까? 이는 미세먼지라는 느린 재난이, 그리고 두 가지 소송 사례가 지금 우리에게 제기하는 질문이다.

6장 참고 문헌

LTP(Joint Research Project for Long-range Transboundary Air Pollutants in Northeast Aisa) (2019), *Summary Report of the 4th stage (2013-2017) LTP.*

국립환경과학원·NASA (2017), 『KORUS-AQ 예비 종합 보고서』.

김주희·이두갑 (2020), 「법정에 선 대기오염의 "화학적 인프라": 서울 대기오염 소송(2007~2014)을 중심으로」, 《환경사회학연구 ECO》 제24권 제2호, 129~168쪽.

롭 닉슨, 김홍옥 번역 (2020), 『느린 폭력과 빈자의 환경주의』, 에코리브르. [Nixon, R. (2011), *Slow Violence and the Environmentalism of the Poor*, Harvard University Press.]

박병도 (2017), 「국제법상 월경성 오염에 대한 국가책임-미세먼지 피해에 대한 책임을 중심으로」, 《일감법학》 제38권, 323~353쪽.

브뤼노 라투르, 홍철기 번역 (2009), 『우리는 결코 근대인이었던 적이 없다』, 갈무리. [Latour, B. (1993), *We Have Never Been Modern (Nous navons jamais ete modernes)*, Harvard University Press.]

킴 포춘, 전치형 번역 (2021), 「빠른 재난과 느린 재난, 어떤 거버넌스가 필요한가」, 《과학잡지 에피 (EPI) 16호》, 이음, 136~151쪽.

한국과학기술학회 (2014), 『과학기술학의 세계 - 과학기술과 사회를 이해하기』, 휴먼사이언스.

환경부 (2006), 『주요 대기오염 지표』(2006. 2. 2.).

[소송 관련 자료]

서울중앙지방법원 (2010), 『서울중앙지방법원 2010. 2. 3. 선고 2007가합16309 판결 [대기오염배출금지청구등]』.

서울중앙지방법원 (2020), 『서울중앙지방법원 2020. 12. 11 선고 2017가합23139 판결 [손해배상(기)]』.

원고 소송대리인(법무법인 산하 외) (2007), 「소장(2007가합16309 대기오염배출금지청구 등)」(2007. 2.).

원고 소송대리인(법무법인 산하 외) (2008), 「준비서면」(2008. 1.).

피고 자동차 제조사 소송대리인(현대자동차 주식회사 외 6개 자동차 제조사 소송대리인, 법무법인 세종) (2008), 「준비서면」(2008. 5. 8.).

피고 자동차 제조사 소송대리인(현대자동차 주식회사 외 6개 자동차 제조사 소송대리인, 법무법인 세종) (2009), 「준비서면」(2009. 12. 8.).

[언론 기사 및 보도 자료]

KBS 뉴스 (2019), 「'미세먼지' 사회 재난? 자연 재난? … 정치권·부처 간에도 이견」(2019. 3. 7., 최형원 기자).

SBS 뉴스 (2019), 「'미세먼지 손해배상' 가능해진다 … 국회, 사회 재난 항목 추가」(2019. 3. 9., 권란 기자).

매일경제 (2018), 「[단독] 미세먼지 원인도 모르는데 … 산업계에 비용청구하려는 정부」(2018. 4. 11., 나현준 기자).

아주경제 (2019), 「국가재난안전법 개정 논란 '미세먼지' … 사회 재난으로 가닥」 (2019. 3. 11., 박성준 기자).

환경부 (2017), 「(보도 자료) 한·미 공동연구 결과, 미세먼지 국내영향 52% … 국외보다 높아」 (2017. 7. 17.).

환경부 (2018), 「(보도 자료) 3월 고농도 미세먼지, 국외 미세먼지 유입과 국내발생 미세먼지 효과가 더해져 발생」 (2018. 4. 6.).

환경부 (2019), 「(보도 자료) 동북아 장거리이동 대기오염물질 공동연구 보고서, 최초 발간」, (2019. 11. 20.).

7 재난 소통을 통해 본 코로나19 팬데믹

장하원
부산대학교 한국민족문화연구소 전임연구원

1. 같은 병원체, 다른 재난

코로나바이러스감염증-19(이하 코로나19)가 전 세계를 뒤흔들면서, 신종 감염병이라는 현상을 제대로 이해하고 이에 대응하는 문제는 그 어느 때보다 중요한 주제로 부상했다. 코로나19의 첫 발병 사례는 2019년 말 중국 우한 지역에 돌았던 원인 불명의 폐렴으로 알려져 있으며, 이와 같은 종류의 바이러스로 유발된 호흡기 질환은 2020년 3월 초 세계보건기구WHO에 의해 팬데믹pandemic으로 공표되었다. 팬데믹이라는 용어는 특정한 감염병이 전 세계적으로 유행하는 상태를 일컫는다는 점에서, 각국의 감염병 재난을 발생시킨 병원체의 동일성을 상기하도록 만든다. 물론 코로나19 바이러스(학계의 분류명은 SARS-CoV-2)라는 새로운 병원체에 주목해 그것에 대응할 수 있는 국제적 차원의 지침을 만드는 것은 '지구적' 재난인 팬데믹을 효과적으로 관리하는 데 필수적이었다고 할 수 있다.

하지만 이와 동시에, 같은 유형에 속하는 원인 병원체와 그로 인한 감염병이 서로 다른 시공간에서 다양한 양상의 재난'들'로 전개되었다는 점에 주목하는 일 역시 중요하다. 코로나19라는 하나의 명칭으로 불리더라도 그 재난의 모습은 하나가 아닌 것이다. 이번 팬데믹은 특히 시기에 따라, 각 국가와 지역의 정책이나 사회·문화적 조건에 따라 재난의 양상이 상당히 다르게 진행되었다.[16] 그렇다면 향후 신종 감염병과 그로 인한 재난이 증가할 것으로 우려되는 가운데 시급한 것은, 우리 사회에서 코로나19와 같은 감염병이 어떠한 재난이었는지 검토하는 작업일 것이다. 이번 글에서는 코로나19의 '한국적' 경험, 즉 우리 사회의 구성원들이 집단적으로 겪어낸 경험으로서의 코로나19 팬데믹에 대해 이야기해 보려고 한다.

이를 위한 방법으로 본 글에서는 이번 팬데믹 시기에 우리 사회에서 코로나19라는 새로운 감염병에 관해 소통하는 과정에서 나타나는 정서적 집중점들을 짚어보려고 한다. 감염병 재난의 시기에 감염병에 관한 정보는 당대의 불안과 공포 등 다양한 감정을 반영하는 동시에, 한편으로는 여러 감정과 실천을 만들어 내며 재난의 모습을 새롭게 구성한다. 따라서 코로나19 재난에 관한 언론 보도의 내용을 살펴보는 것은 한국 사회에서 코로나19가 어떤 재난으로 경험되었는지를 이해

---

16 심지어 같은 사회에 속한 구성원일지라도 계층이나 직종, 성별, 연령, 건강 상태 등 개인이 처한 조건에 따라서 코로나19라는 감염병이 다르게 경험되었으며, 이 차이가 사회적 갈등을 심화시키기도 했다.

하는 데 필수적이라고 할 수 있다. 이번 글에서는 특히 코로나19를 다루는 언론 보도에서 지배적으로 나타나는 감정들에 주목해 감염병 재난의 모습을 이해해 볼 것이다.

2. 사회 재난으로서의 감염병과 재난 소통

재난은 사회적인 것이다. 감염병 재난은 다양한 차원에서 '사회적'인데, 우선 특정한 감염병이 어떻게 시작되고 전개되느냐, 즉 감염병의 양상과 정도 자체가 다양한 사회적 요인에 의해 결정된다는 점에서 그러하다. 코로나19와 같은 신종 감염병이 발생하는 주기가 점점 짧아지고 있는데, 이는 다분히 사회적인 요소들로 인한 현상이다. 산림이 파괴되고 경지가 무분별하게 개발되면서 이전에는 생활 반경이 겹치지 않았던 동물과 인간이 점점 더 많이 접촉하게 되었다. 그 과정에서 동물에게만 존재하던 바이러스가 인간에게 옮겨 와 때로는 심각한 질병을 일으키게 되었다(김창엽, 2020; 정석찬, 2020). 다음으로, 특정한 인수공통감염병이 어느 정도 규모의 유행병이 되느냐 역시 사회적으로 결정된다. 코로나19가 풍토병을 넘어 전 세계적으로 유행하는 팬데믹이 되기까지 도시화와 세계화의 경향이 중요한 영향을 미쳤다고 꼽힌다. 특정한 감염병이 얼마나 많이, 얼마나 빨리 전파되느냐 역시 사회적으로 결정된다. 바이러스의 전파 경로나 확률, 잠복기 등의 생물학적 특성뿐 아니라 바이러스에 감염된 사람이 얼마나 많은 사람과 접촉하느냐가 감염병 확산의 양상을 결정짓기 때문이다. 요컨대, 코로나19와 같은 감염병의 발발이나 전개 자체가 다양한 사회적 요인들과 얽혀 만들어진 결과라고 할 수 있다.

법적으로도 코로나19와 같은 감염병으로 인한 재난은 '사회 재난'으로 분류된다. 우리나라의 「재난 및 안전관리 기본법」 제3조에 따르면, '재난'이란 국민의 생명·신체·재산과 국가에 피해를 주거나 줄 수 있는 것을 말한다. 여기서 재난은 '자연 재난'과 '사회 재난' 두 가지로 나뉘는데, 자연 재난에는 태풍, 홍수, 폭염, 지진 등 자연현상으로 인해 발생하는 재해가 포함되고, 사회 재난이라는 범주는 화재, 폭발 등의 각종 사고로 인해 발생하는 일정 규모 이상의 피해를 포괄한다. 코로나19와 같은 감염병의 유행은 사회 재난이며, 「감염병의 예방 및 관리에 관한 법률」에 근거해 특정한 감염병의 위험 정도와 재난의 심각성이 판단되고 그에 맞춰 관리된다.

이처럼 감염병 재난의 양상 자체가 사회적인 구성물이지만, 더 중요한 것은 재난을 우리가 어떻게 인식하고 경험하느냐 역시 철저히 사회적이라는 점이다. 어떤 사건이 재난으로 경험되기 위해서는, 그것이 특정한 사회에 재난으로서 의미를 지녀야 한다. 재난의 원인이 자연적인 것이든 사회적인 것이든 어떤 사건으로 인해 해당 사회에 재산 손실이나 인명 피해 등이 발생해야만 재난이 된다. 일례로 큰 큐모의 태풍이 일어났더라도 바다 한가운데서 별다른 손실 없이 끝났다면 그것은 재난이라고 할 수 없다. 하지만 작은 사건이라도 예기치 않은 수의 사망자가 발생하거나 기반 시설이 손상되는 등 사회에 커다란 손해를 일으켰다면 재난이 된다(노진철, 2020).

그러나 인적·물적 손실의 정도가 재난 여부를 바로 결정하는 절대적인 기준이 되지는 못한다. 어떤 사건으로 인한 손실의 규모 자체보다는 그것이 얼마나 예측하지 못한 형식으로 일어나는지, 얼마나 통제

불가능한지에 따라 재난이냐 아니냐가 판단된다고 볼 수 있다. 매년 많은 사람이 교통사고로 죽거나 다치지만 이러한 사고들이 재난으로서 관리되지는 않는데, 사회에서 수용 가능하다고 여겨지는 위험은 재난으로 인식되지 않기 때문이다. 그러나 어떤 사고나 감염병의 유행 등이 예측하지 못한 상태로 진행된다면 시민들은 공포와 불안, 혼란 등을 함께 겪으며 재난 공동체로서의 정체성을 형성한다(노진철, 2020). 정리하자면, 재난은 '사회적으로' 구성되고 '집단적으로' 경험되는 것이라고 할 수 있다.

재난을 재난으로 만드는 것이 그것의 사회적 의미라면, 재난에 관한 소통은 재난을 구성하는 데 핵심이 된다. 재난 상황에서 다양한 미디어는 재난과 관련된 정보의 교류에서 중요하게 기능하면서 사람들이 재난에 대해 이해하고 특정한 방식으로 삶을 꾸려가는 데 큰 영향을 미친다. 다양한 재난 유형 중 특히 새로운 감염병이 유행하는 것과 같은 보건 위기의 상황에서는 언론의 영향력이 증폭된다. 새로운 감염병과 그것을 둘러싼 다양한 사건에 대한 정보가 유통되는 가운데, 해당 구성원들은 계속해서 감염병의 존재를 상기하고 그에 대처해 일상을 바꾼다. 언론 보도에서 그리는 감염병 재난의 모습은 한편으로는 현재의 사건에 관한 사회 구성원들의 인식과 경험을 반영하면서도, 동시에 감염병에 관한 특정한 감정과 정동情動을 증폭시키면서 재난의 모습을 만들어 낸다고 할 수 있다.

이번 코로나19 팬데믹 사태에서도 각종 미디어의 정보가 감염병 재난의 실체를 이해하고 또 새롭게 구성하는 데 지대한 영향을 미쳤다. 우선, 언론 보도를 기준으로 본다면 새로운 감염병이 등장하는 초기에 그에 관한 보도량이 압도적으로 많았으며, 2020년 상반기에는 코로나 19를 다루는 기사가 전체 기사의 60% 이상을 차지할 정도로 그 비중이 높았다. 이후 시기별로 증감을 거듭하지만 팬데믹 기간을 통틀어 보면 기사의 수는 완만하게 감소하는 경향을 보인다.[17] 언론 보도 외에도 방역 당국 및 정책 기관의 브리핑, 의료 전문가와 일반 개인이 생산해 확산시키는 소셜네트워크나 유튜브상의 콘텐츠, 코로나19 확진자나 의료진의 수기 등 다양한 주체가 다양한 매체를 통해 코로나19 관련 정보를 생산·유통하고 있다. 이번 글에서는 특히 언론 보도에서 코로나 19라는 새로운 감염병을 다루는 소통의 양상에 주목해 코로나19 재난의 '한국적' 경험을 살펴볼 것이다.

3. 전쟁 메타포와 재난의 가시화

감염병 재난은 흔히 바이러스와의 전쟁에 비유되곤 하는데, 이번 팬데믹 시기에도 전쟁과 관련된 용어들이 종종 눈에 띄었다. 2020년 3월 세계보건기구에서는 코로나19 사태를 팬데믹으로 선포하면서 '코로나19와의 전쟁'이 시작되었다고 알렸다. 우리나라의 언론 보도에서도 코로나19가 발생한 지역이나 의료 현장은 '최전선'으로 표현했으며, 코로나19 감염을 치료하는 데 힘쓰는 의료진은 '전사'로 불렀다. 이

---

17 빅카인즈(http://www.bigkinds.or.kr)에서 2019년 말부터 우리나라에서 코로나 종식이 선언된 2023년 5월까지 국내 54개 언론사에서 코로나19를 다루는 국내 뉴스를 검색한 결과 총 278만 7,342건의 기사가 나왔다. 검색식은 '코로나19', '코로나-19', '코로나', '코로나 바이러스', '코로나바이러스', '신종 코로나바이러스', 'COVID-19', 'COVID19', '코비드19', '코비드-19', '코비드', '우한 폐렴', '우한폐렴', '우한 코로나', '우한코로나' 등 이번 코로나19 사태를 지칭할 수 있는 16개의 용어로 구성해 기사의 제목과 본문을 검색했다.

러한 은유법 속에서 코로나19는 시간의 흐름에 따라 국가 간, 지역 간, 개체 간 경계를 넘어 침입하는 '적'으로 그려졌다.

이러한 전쟁 메타포와 함께, 언론 보도에서는 새로운 바이러스가 시공간적으로 확산되는 모습이 적극적으로 시각화되었다. 코로나19 사태 초기부터 시기별·지역별 코로나19의 확진자 수를 나타내는 표나 그래프가 자주 등장했다. 우리나라에서 코로나19 감염 사례가 나오기 전부터 언론 보도에서는 세계지도를 배경으로 국가별 코로나19의 확진자 수(때로는 사망자 수 포함)가 표시된 그림이 자주 등장했으며, 본격적으로 국내에 코로나19가 유행하면서 국내의 일일 확진자 수가 변화하는 상황을 보여주는 그래프나 지역별 확진자의 수를 보여주는 표가 종종 눈에 띄었다. 바이러스의 시공간적 이동이 확진자의 수라는 정보를 중심으로 거의 실시간으로 가시화되었던 것이다.

그림뿐 아니라 언론 보도의 수사에서도 바이러스의 시공간적 확산이 부각되었다. 새로운 바이러스는 어느 한 곳에서 다른 곳으로 전진하는 것처럼 가시화되었는데, 동물에게 있었던 바이러스가 사람의 몸으로, 한 국가에서 다른 국가로, 한 지역에서 다른 지역으로 이동하는 과정이 적극적으로 표현되었다. 마치 적의 침입으로 인해 방어선이 뚫리는 상황처럼 그려지며 적군과 아군, 침입자와 피해자, 오염된 곳과 그렇지 않은 곳의 이분법을 만들어 냈다. 예컨대, 아직 새로운 바이러스의 감염 사례가 없다고 알려진 지역은 '청정 지역'으로 표현되는가 하면, 코로나19 확진자가 발생한 지역은 '오염'된 곳으로 불렸다.[18]

---

18 「"대구도 뚫렸다" 코로나19 확진자에 시민들 '술렁'(종합)」,《연합뉴스》, 2020. 2. 18. (https://www.yna.co.kr/view/AKR20200218119300053)

이처럼 코로나19의 확산이 시각화되고 바이러스로 감염된 곳과 그렇지 않은 곳이 나뉘면서, 특정 지역이나 집단을 향한 불안과 비난이 표출되었다. '우한 폐렴', '신천지대구교회 코로나19', '이태원발 집단 감염', '대구 코로나' 등 다른 지역보다 먼저 더 많은 코로나19 확진자가 발생한 지역이나 집단을 신종 감염병 확산의 원인으로 지목하는 용어들이 자주 등장했다.[19] 이어서 집단 감염이 발생한 지역이나 장소를 거쳐 오는 사람들에 대한 우려와 혐오도 상당히 많이 표출되었다.

이렇게 팬데믹 초기 새로운 감염병의 공간적 진행이 가시화되면서, 재난 관리의 황금률은 바이러스의 확산을 가능한 한 빠르게 차단하는 시간 싸움으로 인식되었다. 팬데믹 초기부터 대한민국 정부는 적극적으로 코로나19 감염자를 찾아내 격리하는 한편, 감염자의 동선을 파악해 공개하고 감염 위험이 있는 사람들을 추적·관찰하는 방역 정책을 취했다. '테스트-추적-치료test-trace-treat'로 표현되는 공격적인 방역 전략은 여러 국가에서 시행된 적극적인 봉쇄나 이동 제한 정책 없이도 감염 확산을 효과적으로 늦춘 성공적인 사례로 평가되면서 'K-방역'으로 추켜세워지기도 했다(You, 2020).

여기서 주목할 점은 감염병 재난이 바이러스의 시공간적 이동으로 가시화되면서 나타난 몇 가지 효과들이다. 첫째로는 사태의 긴박함과 그로 인한 위기감일 것이다. 위기와 재난을 관리하는 것이 완벽한 통제를 실현하는 것을 목표로 하는 속도의 문제로 치환되면서 방역 정

---

19 「이태원은 G, 신천지는 V, 우한은 S… 코로나도 '족보' 있다」,《조선일보》, 2020. 5. 22. (https://www.chosun.com/site/data/html_dir/2020/05/22/2020052202562.html) ; 「코로나19: 혐오로 번진 이태원발 집단감염… 성소수자 김 씨의 이야기」,《BBC NEWS 코리아》, 2020. 5. 26. (https://www.bbc.com/korean/features-52803935)

책은 비교적 성공적인 상태일 때조차 '한발 늦은' 것으로 문제시되곤 했다. 발 빠른 진단과 동선 조사, 확진자 및 감염 의심자 관리를 위해 필요한 인력과 물자와 시간이 충분하지 않다는 점이 빈번히 지적되었다. 이를 보완하기 위해 팬데믹 시기 내내 대규모 진단 검사와 확진자 및 접촉자의 추적과 관리를 위한 전례 없는 자원과 인력이 투입되었다. 물론 이처럼 감염병 확산을 시급히 저지해야 한다는 인식과 그에 기반한 공격적인 방역 전략이 바이러스의 확산 속도를 늦추는 데 분명히 효과적이었을 것이다. 그러나 이와 동시에 지나치게 상세한 동선 공개나 집단 감염 기관의 코호트 격리로 인한 인권 침해, 의료진의 신체적·정신적 소진 등의 문제는 상대적으로 주목받지 못한 채 후순위로 밀려났다.

이에 더해, 특정 공간이나 집단의 이동을 통제하는 방역 정책을 정책적으로도 대중적으로도 선호하는 경향이 나타났다. 감염병 재난의 시발점으로 바이러스라는 적이 외부로부터 유입하는 것이 강조되면서 확진자의 완벽한 격리나 국경 폐쇄, 지역 봉쇄 등이 가장 우선적으로 실현해야 할 선택지가 되었다. 대부분의 서구 국가에서는 손 씻기, 마스크 착용, 거리 두기 등 시민들의 일상적인 행동을 변화시키는 것을 목표로 하는 '행동' 중심의 방역 전략이 활발히 추진되었다면, 한국에서는 감염자 또는 감염된 집단과 그 공간을 전면적으로 추적·관리하는 '공간' 중심의 방역 전략이 훨씬 쉽게 정당화되고 시행되었다(김기흥, 2021). 물론 이러한 차이는 일차적으로는 팬데믹 초기에 서구 대부분의 국가들이 공간이나 집단을 특정해 진단과 추적, 격리를 시행할 수 없을 정도로 감염이 급속도로 확산되었기 때문에 어쩔 수 없이 나타난 결과다. 그러나 여기서 주목해야 할 점은, 우리 사회에서 이처럼 특정 공간이나 집단의 물리적 통제가 가능하며 가장 효과적인 방역의 전략이라는 생각이 상대적으로 오래, 더 지배적으로 퍼져 있었다는 점이다.

이처럼 대대적인 진단과 동선 공개 정책이 감염의 경로를 시각화하는 가운데, 그로부터 일탈하는 것들에 대한 불안이 계속해서 자극되었다. 언론에서는 지역 감염이 점점 증가하면서 방역 당국이 감염 경로를 알아내지 못한 '깜깜이 환자'가 증가하는 상황이 비상사태로 보도되었다.[20] 또한 해외 입국자 관리 문제나 격리 일수를 채우지 않은 채 이탈하는 사람들에 대한 보도가 이어졌고, 동선을 솔직하게 보고하지 않은 확진자나 마스크 착용과 같은 방역 규칙을 지키지 않아 갈등이 발생한 사건들도 상세히 알려졌다. 이러한 보도는 감염 확산을 완벽히 막을 수 없다는 사실에 대한 불안감으로 이어지고, 일탈 행위의 맥락에 대한 궁금증보다는 그에 대한 분노와 비난을 증폭시켰다. 외부에서 유입되는 바이러스의 완벽한 차단을 지향하는 사회 분위기 속에서, 코로나19라는 감염병에 관한 재난 소통은 감염자에 대한 적개심을 부추기고 통제되지 않는 바이러스의 확산을 정책적 실패로 평가했다.

4. 재난에 대응하는 기술, 해결책인가 또 다른 위험인가

이번 팬데믹 시기의 재난 소통에서 선명하게 나타난 또 다른 특징은 기술적 해결책에 대한 양가적 감정이다. 이번 절에서는 코로나19라는 새로운 감염병에 대응하는 과정에서 사용된 다양한 기술적 수단 중 백신에 주목해 감염병 재난에 대응하기 위해 새롭게 개발된 방역 도구

---

20 "'깜깜이 환자' 비율 20% 육박 ⋯ '감염의 일상화' 현실로", 《경향신문》, 2020. 8. 24. (https://m.khan.co.kr/national/health-welfare/article/202008240600015)

를 둘러싼 기대와 우려를 짚어본다.

우리 사회에서 코로나19 백신이라는 기술에 대한 이중적인 감정은 코로나19 예방접종이 개발되기 전과 후 백신에 대해 다루는 언론 보도의 내용에서 잘 드러난다. 우선, 코로나19 백신이 개발되기 전에는 백신이 감염병 재난을 관리하는 데 필수적인 기술적 해결책이자 의료 자원으로 부각되었다. 백신을 팬데믹 초기부터 가장 효과적인 방역 수단으로 꼽은 것이다. 코로나19 백신이 개발되기 전까지는 손씻기나 마스크 착용 등 기침 예절과 같은 비약물적 조치들이 감염 예방을 위해 활용되었다. 그러나 이러한 조치들만으로 감염력이 높고 치사율이 낮은 코로나19의 확산을 효과적으로 관리하기 어렵다는 사실이 점점 분명해지면서, 코로나19를 예방할 수 있는 백신을 개발하고 대대적인 접종을 추진해 집단 면역을 이루는 것이 목표로 추진되었다. 따라서 이번 팬데믹 초기부터 백신 개발 분야에 엄청난 자금이 투입되었으며, 백신 개발과 승인을 앞당기기 위한 제도적 지원이 이루어졌다. 수많은 기업이 백신 개발에 뛰어들면서 예상보다 훨씬 빠른 속도로 새로운 백신이 개발되었다. 2020년 11월부터 화이자사와 모더나사를 필두로 다양한 종류의 코로나19 백신을 내놓았고, 2020년 말부터 몇몇 국가에서 접종이 시작되었다.

이번 팬데믹 시기에는 백신이라는 기술 자체에 대한 기대에 더해, 코로나19 백신이 희소성 있는 의약품으로 부각되면서 그에 대한 기대와 열망을 자극했다. '백신 민족주의'라는 용어가 회자될 정도로 세계 각국은 자국민의 건강과 안전을 위해 코로나19 백신이라는 의료 자원을 충분히 확보하기 위해 경쟁하는 분위기가 만들어졌다. 주요 언론사에서는 '부자 나라 백신 싹쓸이', '백신 자국 우선주의' 등의 어구를 제시하며 코로나19 백신을 확보하려는 각국의 경쟁을 집중적으로 보도했다. 이와 함께, 우리나라의 백신 수급 상황이나 접종 지연에 대한 우려가 빈번히 제기되었다. 정부 부처에서는 백신 수급에 큰 차질이 없다는 점을 여러 차례 발표했지만, 언론에서는 '백신 보릿고개'라는 표현을 사용하며 우리나라 국민들을 위한 백신이 제대로 확보되지 않고 있다는 점을 강조했다. 또한 언론 보도에서 백신 수급의 현황을 마치 경주를 중계하듯이 다루면서 백신에 대한 기대와 열망을 더욱 부추겼다고 볼 수 있다. 이와 함께, 감염병에 대한 불안이 증폭되고 정부 및 방역 당국에 대한 불만이 높아질 수밖에 없었다고 추측할 수 있다(유명순, 2021; 장하원, 2022). 이는 일차적으로는 보도 행태의 문제지만, 그만큼 팬데믹 초기 백신과 같은 기술적 해결책에 대한 기대와 열망을 반영하는 현상이기도 하다.

이와 대비해 막상 코로나19 백신이 확보되고 예방접종이 시작된 뒤에는 백신이라는 새로운 기술의 안전성과 유효성에 대한 문제 제기가 끊이지 않았다. 코로나19 백신이 개발되기 전까지는 백신이 빠르게 개발되기를 바랐다면, 코로나19 예방접종이 시행되면서는 오히려 '너무 빨리' 개발된 백신에 대한 불안감이 문제가 되었다. 팬데믹 시기 여러 국가에서 신규 개발된 백신을 긴급 승인의 방식으로 도입·활용하면서 백신의 안전성이 제대로 검증되었는지에 대한 우려가 상대적으로 클 수밖에 없었다. 이런 상황에서 일부 백신 제품은 예측하지 못했던 부작용 때문에 접종이 중단되고 백신의 안전성을 추가로 검증하는 단계를 거치기도 했다. 이처럼 이번 팬데믹 시기에는 전례 없이 빠르게 개발된 백신이 안전한 의약품으로 검증되고 신뢰받기까지 겪은 시행착오가 언론 보도를 통해 상대적으로 상세히 알려졌다. 이에 코로나19 백신이라는 새로운 기술에는 기대와 신뢰뿐 아니라 불안과 우려의 감정이 따라붙을 수밖에 없었다.

이러한 분위기 속에서 코로나19 백신은 충분히 신뢰할 만한 보건의료 기술이라기보다는 그것의 가치와 장단점을 끊임없이 저울질해야 하는 상품처럼 간주되었다. 우리나라에는 화이자/바이오엔텍이 개발한 BNT162b2(이하 화이자 백신), 모더나가 개발한 mRNA-1273 백신(이하 모더나 백신), 아스트라제네카/옥스퍼드가 개발한 ChAdOx1 nCoV-19(이하 아스트라제네카 백신), 얀센이 개발한 백신(이하 얀센 백신) 등이 도입·활용되었다. 이러한 백신들은 코로나19 예방접종이라는 하나의 이름으로 묶이기보다는, 각각의 백신명이 불리며 서로 다른 효과와 장단점을 지닌 상품으로 취급되었다. 이번 팬데믹 시기에 백신에 대한 언론 보도를 보면, 백신 개발 기업을 드러내는 백신의 명칭을 기준으로 각 백신의 원리와 유통 및 보관 방법, 유효성, 안전성, 주요 부작용 사례 등이 보고되었다.

특히 백신의 안전성과 유효성에 대한 논란 속에서 백신의 우열이 가려지는 경향이 나타났다. 예방접종 초기였던 2021년 3월과 4월에는 화이자 백신과 아스트라제네카 백신을 맞은 뒤 사망한 사례들이 백신 부작용으로 인한 것으로 추정되면서 불안감을 높였다. 이에 더해, 언론 보도에서 백신의 효과 역시 백신 간 비교와 경쟁 구도로 제시되었고, 각각의 백신 제품에 서로 다른 가치가 부여되었다. 우리나라에서 유통된 백신들은 모두 WHO가 설정한 백신 유효성의 기준을 충족했음에도 불구하고, 특정 백신 상품은 '물백신'이라는 오명이 붙을 정도로 폄하되었다(장하원, 2022). 요컨대, 언론 보도 속에서 백신은 감염병 재난을 효과적으로 해결할 수 있는 보건 의료 기술로 기대되면서도, 한편으로는 그 가치와 효과가 균일하지 않아 우려와 불신을 유발하는 의약품으로 그려졌다.

5. 요약과 결론

이 글에서는 우리 한국 사회에서 코로나19라는 감염병이 어떠한 재난이었는지를 이해하기 위해 언론 보도를 중심으로 재난 소통의 내용을 살펴보았다. 새로운 감염병과 이를 둘러싼 다양한 사건들에 대한 언론 보도는 우리가 코로나19를 어떻게 인식하고 대응했는지를 반영하는 동시에 특정한 방향으로 형성한다는 점에서, 감염병 재난의 모습을 이해하는 중요한 창구가 될 수 있다.

이번 팬데믹 시기 코로나19 재난을 다루는 언론 보도에서 지배적으로 나타나는 은유와 정서는 감염병에 관한 특정한 감정을 자극하고 특정한 방식의 대응 전략을 추동했다. 시시각각 경계를 넘어 확산되는 바이러스의 존재가 시각화되면서, 감염병에 대한 불안과 공포가 증폭되고 바이러스와 이에 감염된 사람은 외부로부터 유입되는 오염물로 인식되었다. 또한 바이러스의 공간적 확산에 대한 완벽한 통제가 이상적인 목표로 추구되면서, 그것을 방해하는 사례들은 비난의 초점이 되고 바이러스의 확산이라는 불가피한 현상은 정책적 실패의 증거로 부각되었다. 이에 더해, 이러한 감염병 재난에 대응하는 기술적 수단에 대한 양가적인 인식도 명백히 나타났다. 팬데믹 초기에는 코로나19를 예방할 수 있는 백신이 궁극적인 해결책으로 기대되었지만, 막상 백신 개발이 완료되고 접종이 시작되자 새로운 위험과 갈등을 내포하는 상품으로 다루어졌다.

이번 글에서는 언론 보도의 내용을 중심으로 우리 사회에서 코로나19 재난의 모습을 그려보았다. 감염병 시기 재난 소통의 주축이 되는 언론 보도에서 바이러스의 확산세나 확진자의 수, 백신 수급 현황 등을 정확히 보도하는 것은 분명 필요한 일이다. 하지만 이러한 언론 보도가 반영하는 동시에 증폭시키는 감염병 재난에 대한 갖가지 감정들이 재난에 대한 우리 사회의 인식과 반응을 어떤 방향으로 만들어 가는지에 대한 고찰도 함께 이루어져야 할 것이다. 이번 팬데믹 시기 언론 보도에서 지배적으로 나타난 감염병에 대한 불안과 공포, 백신에 대한 기대와 우려는 바이러스의 확산과 질병의 위험 자체를 완벽히 통제하려는 우리 사회의 열망에서 비롯된 것인지도 모른다. 그러나 코로나19 팬데믹이 극명히 보여준 것은 우리 모두가 수많은 바이러스를 공유하고 있으며 각자의 건강이 내 주위 사람들의 건강, 타지역민들의 건강, 타생명체의 건강과 밀접히 연결되어 있다는 사실이기도 하다. 따라서 바이러스나 특정 집단을 적으로 삼고 완벽히 차단하는 정책이나 기술은 실현 가능한 해결책이 되기 어렵다. 그렇다면 감염병 재난의 모습을 바꾸기 위한 출발점은 감염병 재난을 완전히 예측하고 통제하려는 우리 사회의 목표와 지향을 재설정하는 일이 될 것이다.

7장 참고 문헌

You, J. (2020), "Lessons from South Korea's Covid-19 policy response", *The American Review of Public Administration*, Vol. 50, no 6&7, pp. 801-808.

김기홍 (2021), 「코로나19 질병경관의 구성: 인간-동물감염병 경험과 공간중심방역」, 《ECO》 제25권 제1호, pp. 83~130.

김창엽 (2020), 「'사회적인 것'으로서 코로나: 과학과 정치 사이에서」, in 김수련 외 지음, 『포스트 코로나 사회: 팬데믹의 경험과 달라진 세계』, 글항아리.

노진철 (2020), 「공동체 중심 재난 거버넌스의 필요성과 재난 시티즌십」, in 김진희 외 지음, 『포항지진 그 후: 재난 거버넌스와 재난 시티즌십』, 나남.

유명순 (2021), 「코로나19 백신접종 100일: 앞으로의 소통 과제」, 제25차 한국과총-의학한림원-과학기술한림원 온라인 공동포럼: 코로나-19 예방접종 과연 안전한가? (2021. 6. 4.).

장하원 (2022), 「코로나19 백신을 둘러싼 논쟁과 위험 커뮤니케이션」, in 박성호 외 지음, 『감염병의 장면들: 인문학을 통해 바라보는 감염병의 어제와 오늘』, 모시는사람들.

정석찬 (2020), 「하나의 건강, 하나의 세계: 기후변화와 인수공통감염병」, in 김수련 외 지음, 『포스트 코로나 사회: 팬데믹의 경험과 달라진 세계』, 글항아리.

8 익숙함에 기대어 새로운 재난을 극복하기

: '오미크론=계절독감 레토릭'과 일상 되찾기

황정하
서울대학교 과학학과 박사 과정

1. 오미크론이라는 변이

코로나19 엔데믹에 이르는 길은 변이 바이러스와의 끊임없는 줄다리기 싸움과도 같았다. 기존 바이러스의 유행이 접어들라 치면 그와 약간 다른 새로운 변이 바이러스가 등장해 또다시 대유행을 일으켰다. WHO는 그리스 문자를 사용해 변이 바이러스에 이름을 붙였는데, 24개 문자를 모두 사용해 버릴 것을 걱정해야 할 정도였다. 그런데 오미크론 변이는 기존의 다른 변이들과 조금 달랐다. 기존 델타 변이에 비해 특징적으로 높은 오미크론의 전파력은 전무후무한 숫자의 코로나19 확진자를 만들어 낼 것으로 예상되었고, 대신 특징적으로 낮은 오미크론의 치명률은 코로나19의 위력을 약화시켜 계절독감과 비슷한 풍토병으로 만들 것으로 기대되었다. 오미크론 변이의 탄생이 변화시킨 코로나19의 새로운 질병적 속성이 부각되면서, 코로나19가 계절독감에 견줄 수 있는 수준의 질병이 되었다는 '오미크론=계절독감 레토릭'이 유행하기 시작했다.

'오미크론=계절독감 레토릭'은 오랫동안 지속된 팬데믹에 지쳐 있던 모두에게 한 줄기 희망처럼 여겨졌다. 이제는 우리가 이미 함께 잘 살아가고 있는 계절독감처럼 코로나19에 대한 방역 조치의 강도를 낮춰 관리할 수 있을 것이라는 기대가 형성되었다. 오미크론의 높은 전파력이 야기할 것으로 예상된 확진자 급증은 보다 효율적인 방역·의료 대응 체계를 요했고 낮은 치명률은 일상 방역 체계를 통해서도 대부분의 환자에 대응할 수 있는 가능성을 부각시켰다. 이에 맞춰 정부는 방역·의료 대응 체계를 고위험군 중심으로 전환하고 사회적 거리 두기를 해제했다. 심지어 오미크론의 유행으로 바이러스 전파 상황이 이전보다 더 심각해진 가운데 이런 조치가 단행된 것은 주목해 볼 만하다. 델타 유행기에 단계적 일상 회복이 단행된 지 한 달 만에 주간 사망자 수 401명, 주간 신규 위중증 환자 수 615명에 이르며 2021년 12월 재도입되었던 강화된 사회적 거리 두기 조치가, 2022년 4월 주간 사망자 수 2,163명, 재원 중 위중증 환자 수 1,113명, 일일 신규 확진자 수 12만 5,000명에 달했던 상황에서 전면 해제된 장면은 언뜻 보면 잘 이해되지 않는다.

다른 변이와 비할 수 없을 정도로 많은 사람이 오미크론 변이에 감염되고 있었던 시기에 어떻게 일상 회복이 성공할 수 있었을까? 이 과정에서 '오미크론=계절독감 레토릭'은 어떤 힘을 발휘했을까? 이에 답하기 위해 필자는 '오미크론=계절독감 레토릭'이 구체적으로 어떻게 논의되고, 방역의 대원칙 전환의 필요성을 어떻게 강화했으며, 실제로 그러한 전환이 어떻게 이루어졌는지를 살핀다. 이런 작업을 통해 필자는 '오미크론=계절독감 레토릭'이 '풍토병'이 된 코로나19가 어떤 모습일지 기대어 상상할 수 있는 '유사−전례'를 제공함으로써 팬데믹을 이해하는 새로운 '재난의 상'을 마련해, 코로나19로부터의 일상 되찾기에 기여했다고 주장할 것이다.

2. 오미크론, 크리스마스의 선물?

2021년 11월 남아프리카공화국에서 최초로 발견된 오미크론 변이는 같은 달 말부터 국내에서 빠르게 확산되기 시작했다. 오미크론에 대해서는 처음부터 그것이 델타보다 전파력이 강하고 독성이 약하다는 점이 부각되었고, 이런 인식은 한국에 앞서 오미크론 유행을 겪은 해외 국가들의 소식이 전해지면서 더욱 강화되었다. 미국과 캐나다에서 오미크론 확산으로 최다 확진자 기록이 연일 경신되는 한편, 중증 환자나 사망자 규모는 눈에 띄게 감소했다거나, 남아프리카공화국에서 오미크론이 유행한 6주 동안 코로나19 입원율이 5분의 1로 감소했다는 소식은 새로운 변이 바이러스가 코로나19의 위력을 약화시킬 것이라는 기대를 촉발했다. 심지어 해외의 몇몇 전문가들은 아직 확신하기는 어렵지만 만약 오미크론이 델타보다 덜 심각한 증상을 유발하는 것이 사실이라면, 오미크론이 우점종이 될 경우 환자의 건강에 치명적인 영향을 미치지 않는 수준에서 코로나19에 대한 집단 면역을 형성해 팬데믹 종식을 앞당기는 '크리스마스 선물'이 될 것이라는 기대를 표했다(Craig, 2021. 11. 29.).

머지않아 오미크론 덕분에 코로나19가 '계절독감'과 다를 바 없는 질병이 되었다는 '오미크론=계절독감 레토릭'이 유행하기 시작했다. 감염내과 및 예방의학 전문가들은 오미크론의 출현으로 인한 팬데믹의 종식을 예단하기는 아직 이르다면서도, 향후에 오미크론이 우세종이 된 후 백신 및 치료제로 대응하면 코로나19가 "계절독감 수준의 가벼운 감염병" 혹은 "독감처럼 매년 유행하는 계절성 질환 혹은 풍토병"으로 전환될 가능성이 있다는 예측을 내놓았다. 처음에 정부는 코로나19의 치명률이 계절독감과 달리 광범위한 예방접종과 강력한 방역 조치가 이뤄진 상황에서 측정된 수치라는 점을 고려하면 코로나19는 절대 계절독감과 비슷한 수준이라고 볼 수 없다며 유보적인 입장을 취했다. 그러나 점차 오미크론의 높은 전파력과 낮은 치명률이 실제로 목격되면서 정부는 '오미크론=계절독감 레토릭'을 지지하는 입장으로 돌아서기 시작했다. 보건복지부는 "오미크론의 치명률은 0.18%로 델타의 치명률 0.70%에 비해 4분의 1 이하이고 계절독감의 치명률 0.05~0.1%의 두 배 정도이지만, 3차 접종을 완료할 경우에는 오미크론의 치명률이 더욱 낮아져 계절독감과 유사하거나 낮은 0.08%로 분석된다"라고 발표했다(보건복지부, 2022. 2. 23). 이로써 코로나19를 계절독감에 직접적으로 빗대어 이해하는 '오미크론=계절독감 레토릭'이 성립되었고, 머지않아 코로나19를 풍토병처럼 간주할 수 있게 될 것이라는 생각이 등장했다.

그러나 코로나19가 정말 계절독감과 같다고 할 수 있는가는 전문가들 사이에서 다양한 논쟁을 일으켰다. 한 가지 문제는 오미크론과 계절독감 치명률 비교에 관한 문제였다. 일반적으로 질병의 '치명률'은 사망자 수를 확진자 수로 나누어 계산한다. 그런데 사망자 수와 확진자 수는 집계 대상의 정의나 검사량 등에 따라 얼마든지 다르게 집계될 수 있다. 질병관리청은 '코로나19 사망자'를 코로나19와 관련한 대체 사인이 없으며 ① 코로나19 감염이 확인되어 격리기간 중 사망한 경우, ② 사망 후 코로나19 감염을 확인한 경우, ③ 격리 해제 후 의료진이 코로나19 연관 사망으로 소견을 밝혀 지자체와의 확인이 진행된 경우로 정의했다(COVID-19 보건의료인용 홈페이지). 그런데 몇몇 전문가는 이러한 규정이 오미크론 사망자를 과소 집계하고 있다고 지적했다. 격리 해제된 확진자가 수일 내 사망하는 경우, 코로나19가 기저 질환을 악화시켜 사망에 이르는 경우, 코로나19로 발생한 의료 과부하로 인해 적절한 의료 서비스를 제때 제공받지 못해 사망하는 경우 등을 포함하지 않았기 때문이다. 이들은 코로나19가 직간접적으로 사망에 이르게 했지만 정부의 통계에 들지 못한 사람들이 존재하며, 이를 총체적으로 파악하기 위해서는 치명률에 더해 '초과 사망'에 대한 분석이 필요하다고 주장했다. 이들이 제시한 코로나19로 인한 사망자 수는 공식적인 사망자 수의 두 배에 달했다. 통계청 또한 정부의 치명률 통계가 실상을 과소 판단한다며 비슷한 내용을 지적하는 초과 사망자 수 통계를 제시했다.

다음으로 정부가 제시한 계절독감 치명률인 0.05~0.1%가 애초에 정밀하게 집계된 바 없는 부정확한 수치라는 문제도 제기되었다. 정부는 매년 계절독감이 유행할 때마다 300만~700만 명 정도가 감염되고 3,000~5,000명 정도가 사망한다고 추정해, 계절독감 치명률을 0.05~0.1%로 계산했다(보건복지부, 2022. 2. 23.). 그러나 몇몇 전문가들은 우리나라에서 계절독감 치명률이 제대로 측정된 적이 없고, 학계의 연구에서도 추정 값으로만 이야기될 뿐이라는 문제를 제기했다. 이에 더해 치명률을 나타내는 두 가지 지표인 CFR^{Case Fatality Ratio}과 IFR^{Infection Fatality Ratio}의 차이도 지적되었다. CFR은 사망자 수를 확진자 수로 나누어 계산하고, IFR은 사망자 수를 추정 감염자 수로 나누어 계산한다. 감염자 수는 본래 완벽히 집계될 수 없어 추정 값으로만 파악할 수 있지만, 이상적으로는 전체 감염자 수 대비 사망자 수 비율을 보여주는 IFR이 질병의 실제 위험성을 더 잘 보여준다(WHO, 2020. 8. 4.). 전문가들은 코로나19와 계절독감의 CFR이 비슷하다고 하더라도, 계절독감의 경우 코로나처럼 확진자를 찾아내기 위한 대규모 검사가 시행되지 않으며 증상이 있어도 병원에 방문하지 않고 자연 치유하는 환자들도 많아서, 검출되지 않은 감염자까지 포함해 계절독감의 IFR을 계산하면 분모에 오는 추정 감염자 수가 늘어 실제 치명률이 훨씬 낮아질 것이라고 주장했다. 즉, 계절독감의 치명률은 실제보다 과대평가된 반면 코로나19 치명률은 실제보다 과소평가되어 있다는 것이었다.

마지막으로 애초에 오미크론과 계절독감의 치명률을 직접적으로 비교하는 것 자체가 부적절하다는 문제도 있었다. 이런 입장의 전문가들은 '비율'과 '수'가 통계적으로 완전히 다른 값이라는 점을 강조했다. 이들은 '비율'로 표현된 코로나19와 계절독감의 치명률이 같다고 하더라도, '수'로 표현된 계절독감 사망자는 몇백 명에 불과한 반면, 오미크론 사망자는 몇만 명에 달하기 때문에 두 질병의 위험성이 완전히 다르다고 지적했다. 바이러스의 치명률 자체는 동일할 수 있어도 오미크론 변이의 전파력이 계절독감 바이러스보다 월등히 높기 때문에 사회 전반의 차원에서 보면 오미크론은 계절독감과 비교할 수 없을 정도로 위험한 바이러스라는 것이었다. 더불어 이들은 바이러스의 높은 전파력으로 인해 단기간 내 확진자가 급증할 경우 의료 체계가 붕괴되어 적절한 조치를 받지 못해 사망에 이르는 환자가 함께 급증할 수 있다는 우려도 제기했다. 실제로 질병관리청 연구 결과에 따르면, 변이 바이러스 중 치명률이 가장 낮은 오미크론 유행기에 발생한 위중증 환자 및 사망자 수는 전체 팬데믹 기간 동안의 발생 건수 중 절반이 넘는 비율을 차지해 가장 많았다(류보영 외, 2022).

3. '계절독감과 유사한' 방역 체계

이처럼 '오미크론=계절독감 레토릭'은 자명한 과학적 사실이었다기보다는 상당한 논쟁을 불러일으킨 과학적 주장에 가까웠다. 그럼에도 불구하고 '오미크론=계절독감 레토릭'의 확산이 정부의 방역 체계 전환과 맞물려 빠르게 이루어졌다는 점은 주목해 볼 만하다. 레토릭에서 강조된 오미크론 변이의 높은 전파력과 낮은 치명률이라는 두 가지 속성은 같은 시기에 이루어진 '방역의 대원칙'의 전환과 잘 어울렸다. 이전까지 정부는 대량의 진단 검사를 시행해Testing, 확진자를 조기에 찾아내어Tracing, 선제적으로 격리하는Treatment '3T 전략'을 코로나19 대응의 기본 원칙으로 삼았다. 모든 확진자와 감염 의심자를 전수 조사해 격리하고 치료함으로써 신종 바이러스를 박멸하겠다는 것이었다. 이런 방역의 패러다임을 뒤바꾼 것이 바로 '오미크론=계절독감 레토릭'이었다. 오미크론 변이의 위험성이 계절독감과 유사할 정도로 충분히 낮아져 대부분의 환자는 더 이상 기존과 같은 특별 관리를 필요하지 않게 된 한편, 바이러스의 전파력이 너무나도 높아져 이전과 같은 대응 방식으로는 방역 체계의 부담을 견뎌낼 수 없을 것이라는 생각이 등장했다. 이에 방역의 대원칙은 모든 확진자를 철저히 관리해 바이러스 전파를 원천 차단하겠다는 '확진자 억제' 전략에서 고위험군을 중심으로 한정된 의료 자원을 효율적으로 활용해 인명 피해를 최소화하겠다는 '중증화·사망 최소화' 전략으로 바뀌었다.

이 과정에서도 '오미크론=계절독감 레토릭'은 코로나19 방역 조치의 강도를 완화할 시 어떤 방식으로 감염병을 관리할 것인지 계획하는 데 좋은 실마리를 제공했다. 법정 감염병 분류에서 제4급 감염병으로 분류되는 계절독감(인플루엔자)은 증상 발생 후 감염력이 소실(해열 후 24시간 경과)될 때까지 환자의 외출을 자제시키고 집에서 휴식을 취할 것을 권고하되, 별도의 입원 치료 의무는 부과하지 않고 1차 의료 기관을 방문해 진료받거나 자가 치료하게 하는 방식으로 관리되고 있었다 (질병관리청, 2022a; 2022b). 이와 같은 기존 계절독감 방역 체계는 완화된 코로나19 방역 체계에서도 비슷하게 조치하면 될 것이라는 생각을 낳았다. 정부가 오미크론 이후 코로나19 방역 대응 계획을 발표하면서 "코로나19도 계절독감처럼 관리하는 방안을 검토하겠다"라고 거듭 언급한 사실은 새롭고 보다 완화된 코로나19 방역 체계를 상상하는 데 계절 독감 방역 체계가 중요한 선례를 제공했음을 시사한다(보건복지부, 2022. 2. 4.).

이에 따라 이뤄진 코로나19 방역 체계의 변화는 크게 두 가지였다. 하나는 계절독감과 유사한 일상적인 방역·의료 대응 체계로의 전환이었다. 오미크론의 경우 높은 전파력으로 인해 단기간 내 확진자 수와 함께 입원자 수 및 중환자 수도 기하급수적으로 증가해 방역·의료 대응 체계의 역량이 한계에 달할 것이 우려되었고, 따라서 의료 체계의 대응 여력을 안정적으로 유지하는 것이 중요한 과제로 여겨졌다. 이에 정부는 오미크론 확진자에 대해 병원·생활치료센터 입원을 원칙으로 삼았던 방침을 변경해, 이들에 대해서도 재택 치료를 원칙으로 하되 고령층이나 기저 질환자 같은 고위험군만 병원·생활치료센터에 배정하는 방식으로 재택 치료 체계를 확대했다. 또한 보건소에서 확진자를 진단하고 정부 지정 전담 병원·생활치료센터에서 환자를 치료하는 정부 중심의 별도의 진료 체계를 운영하던 데서, 코로나19 확진자도 계절독감 환자처럼 평소에 이용하는 동네 병·의원에서 검사 및 치료를 받을 수 있도록 한 지역사회 및 일반 의료 기관 중심의 일반 진료 체계로 선회한 것도 같은 맥락에서 이루어진 변화였다.

다음으로 이런 방역·의료 대응 체계의 전환은 전 국민의 기억 속에 가장 오래 남을 방역 조치였던 사회적 거리 두기 조치 해제로까지 이어지며 코로나19 방역 체계를 크게 변화시켰다. 고위험군 중심의 효율적인 방역 관리를 목표로 방역 정책을 개편하던 시점에, 전체 확진자 발생 억제를 위한 성격을 지니는 고강도 사회적 거리 두기 조치를 유지하는 것은 방역 체계 전반의 일관성을 흐리고 수용성도 떨어진다는 문제가 제기되었다. 이에 정부는 2022년 2월 18일부터 단계적으로 영업 시간 제한을 21시에서 22시로, 22시에서 23시로, 23시에서 24시로 연장하고, 사적 모임 인원 기준을 6인에서 8인으로, 8인에서 10인으로 확대해 가며 점차 사회적 거리 두기를 완화했다. 이어서 오미크론 유행이 정점을 지났다고 확인된 4월 15일에는 2년 1개월 만에 사회적 거리 두기 조치가 전면 해제되었다(보건복지부, 2022. 4. 15.).

4. '유사-전례'의 힘

이처럼 '오미크론=계절독감 레토릭'은 상당히 논쟁적이고 불확실한 과학적 주장이었음에도 불구하고 방역의 대원칙의 전환과 맞물려 엔데믹이 도래하는 데 힘을 실었다. 이것이 어떻게 가능했을까?

팬데믹에 대한 기존 연구는 미지의 신종 감염병에 긴급히 대응해야 하는 상황에서 국가 방역 정책의 근거가 되는 과학기술 연구가 평소와 다른 규칙에 따라 이루어진다는 점에 주목한다. 우리는 항상 바이러스가 이미 널리 퍼진 다음에야 팬데믹의 도래를 깨닫고 바이러스의 속성을 알게 되기 때문에, 정부의 개입이 필요한 시점에 팬데믹에 대한 과학적 이해는 필연적으로 불완전할 수밖에 없다. 이런 점에서 신종 감염병은 항상 미지의 질병이며, 심지어 우리는 팬데믹에 관해 '무엇을 모르는지조차 모르는 상황unknown unknowns'에 처하기도 한다. 이와 같은 신종 감염병에 대한 과학 지식의 본질적인 불확실성에 더해, 인류가 이전에 경험해 보지 못한 신종 바이러스의 특수성과 긴급 상황에서만 선포되는 세계보건기구의 국제공중보건위기상황PHEIC 선언의 예외성은 팬데믹을 전례 없는 재난으로 받아들이게 한다. 이러한 상황에서 이루어지는 신종 감염병 연구의 목표는 인류 전체가 치명적인 피해를 입기 전에 바이러스 전장 유전체 분석이나 전염병 전파 예측 시뮬레이션 같은 다양한 기술을 동원해 바이러스에 대해 '가능한 한 빨리, 가능한 한 많이' 알아내는 것으로 전환된다. 또한 과학자들은 다가오는 팬데믹의 미래에 대한 예측을 그들이 증명할 수 있는 사실의 영역을 넘어서까지 과학의 언어를 사용해 '투기적으로' 제시하며 상상 가능한 최악의 상황에 대비하도록 촉구할 수 있게 된다. 팬데믹 연구자들은 이를 통해 생산되는 지식을 과학과 정치의 성격을 모두 지니는 '팬데믹 예언pandemic prophecy'이라고 부른다(Caduff, 2014; 2015; Lakoff, 2017; Kelly, 2018).

코로나19 팬데믹에서도 마찬가지로 세계보건기구의 국제공중보건위기상황 선언은 인류가 이례적인 비상사태를 겪고 있으며, 바이러스에 대한 필연적 무지에도 불구하고 어떻게든 신속히 대응해야 한다는 긴급성과 예외성의 감각을 형성했다. 이러한 맥락은 역학 및 공중보건 분야의 전문가들이 앞으로 전개될 팬데믹 상황에 대해 투기적 예측에 가까운 팬데믹 예언을 거리낌 없이 내놓을 수 있는 상황적 조건을 형성했다. 전문가들은 각종 수학적 모델링에 기초해 코로나19 감염 확산 전망을 내놓았고, 염기 서열 분석 및 인공지능 기계 학습 기술을 활용해 코로나바이러스의 유전자 구성 변화를 추적해 어떤 바이러스가 우세종이 될 것인지 예측했으며, 빅데이터 분석을 통해 코로나19 팬데믹의 사회·경제적 영향을 추정했다. '오미크론=계절독감 레토릭' 역시 그러한 투기적인 예측 중 하나로 오미크론 변이의 특정한 두 가지 속성을 부각하고 이에 근거해 코로나19가 계절독감과 유사한 질병이 될 것이라는 과감한 예측을 내놓았다. 이런 예측은 엄밀한 과학적 근거로 뒷받침된 자명한 과학적 사실은 아니었고 그 자체로 첨예한 논쟁을 불러일으켰다는 점에서 미래에 대한 투기적인 '팬데믹 예언'과도 같았다.

그렇다면 '오미크론=계절독감 레토릭'이라는 팬데믹 예언은 어떻게 유효하게 작동할 수 있었을까? 필자는 그 이유로 '오미크론=계절독감 레토릭'이 풍토병이 된 코로나19가 어떤 모습으로 존재하게 될 것이며, 그를 어떻게 대하고 관리할 것인지를 구체적으로 상상할 수 있게 해준 계절독감이라는 '유사-전례'를 제공했다는 점을 꼽고 싶다. 팬데믹 연구자들은 정부가 전례 없는 신종 감염병에 대응할 때는 방역 정책의 기반으로 삼을 수 있는, 앞으로 닥칠 불확실한 위험에 대한 임시적일지라도 분명한 상상과 진단이 필요하다고 주장한다. 이들은 이를 '전례 없는 사태에 대한 상상력the imaginary of an unprecedented event'이라고 부르는데, 이러한 상상력은 대개 과거의 경험에 근거한 추론을 통해 획득된다(Kelly, 2018; 김기홍, 2021).

모든 것이 불확실했던 코로나19 팬데믹 상황에서 '오미크론=계절독감 레토릭'은 매년 반복되는 계절독감의 익숙한 질병 경험을 소환해 오미크론이라는 새로운 병원체의 속성과 그로 인해 변화될 코로나19 질병 양상을 상상하는 데 유용한 자원을 제공했다. 특히 계절독감은 폐와 기관지 감염에 의해 발생하는 호흡기 질환으로 발열, 두통, 기침 같은 임상 증상을 동반한다는 점에서 코로나19와 매우 유사했기 때문에, 환자들이 자신의 코로나19 질병 경험을 그와 완전히 동일하지 않더라도 유사하게 빗대어 이해할 수 있는 '유사-전례'로 활용되기에 안성맞춤이었다. 이처럼 시민들이 누구나 한 번쯤 겪어본 계절독감의 기억을 떠올리며 코로나19를 경험하기 시작하면서, 코로나19가 마냥 새로운 질병은 아니며 우리는 이미 비슷한 풍토병을 반복적으로 겪어왔다는 발상의 전환이 가능해졌다. 이렇게 보면, 완화된 코로나19 대응 체계도 계절독감을 관리해 온 방식과 유사하게 꾸려나가면 된다는 생각이 등장한 것은 너무나도 자연스러운 결과였다. 이런 과정을 통해 '오미크론=계절독감 레토릭'은 코로나19라는 신종 감염병에 대한 예외적이고 이례적인 감각을 제거하고, 결과적으로 코로나19 방역 조치를 완화하는 데 기여했던 것이다.

한 가지 덧붙이고 싶은 이야기는, 코로나19라는 전례 없는 사태에 대한 상상력을 구성하는 데는 계절독감에 대한 '과거'의 경험뿐 아니라 '현재'와 '미래'의 요소도 역할을 했다는 것이다. 지금까지 이루어진 코로나19 방역 대응에 관한 연구는 주로 팬데믹 초기 정부 대응에 주목한다. 이 시기에는 신종 감염병에 대한 정보와 경험 부족으로 인해 방역 대응을 위해서 과거의 신종 감염병에 대한 기억에 의존할 수밖에 없기 때문에, 기존 연구에서 과거의 역할이 비교적 부각되어 온 점은 이상할 것이 없다(김기홍, 2020; 2021).

그러나 코로나19에 대한 경험이 3년 넘게 축적된 팬데믹 후기의 방역 대응을 이해하기 위해서는 팬데믹의 시간성에 대한 새로운 관점이 필요하다. 장기간 쌓인 코로나19에 대한 과학 지식, 대응 기술, 질병 경험은 코로나19를 더 이상 '신종' 감염병이 아니라 '익숙한' 감염병으로 만들었고, 그럴수록 '과거'의 기억뿐 아니라 '현재' 경험하는 팬데믹의 모습과 팬데믹이 '미래'에 장기적으로 어떤 영향을 미칠지에 관한 추측 역시 방역 대응에 주요하게 고려되었다. 새로운 변이 바이러스의 출현으로 '현재' 새롭게 유행하고 있는 코로나19가 어떤 속성을 지니는지, 코로나19를 둘러싼 의료적·사회적·문화적 조건이 변화하며 '현재'의 코로나19 질병 경험은 어떻게 구성되고 있는지, 그리고 코로나 바이러스가 '미래'에 어떻게 변이할 것이며 팬데믹이 계속된다면 코로나19에 대한 위험 인식은 어떻게 변화할 것인지에 대한 고민이 개입할 공간이 생겨났던 것이다.

팬데믹 후기에 등장한 '오미크론=계절독감 레토릭'도 마찬가지로 '현재' 유행하고 있는 오미크론 변이에 관해 당시까지 형성된 지식을 바탕으로 '미래'의 코로나19가 어떻게 변화할 것인지를 진단하고, '현재'의 감염병 상황을 구성하는 여러 조건이 가까운 '미래'에 코로나19를 계절독감 같은 풍토병으로 대할 수 있는 힘을 만들어 내고 있다는 감각을 전달하는 효과적인 장치로 작동했다. 이와 같은 팬데믹의 현재와 미래에 대한 추측이 과거의 경험과 얽혀들어 가면서 '오미크론=계절독감 레토릭'은 더욱 강력한 설득력을 지닐 수 있었다. 즉, '오미크론=계절독감 레토릭'이라는 팬데믹 예언의 성공적인 작동에는 '유사−전례'로서 계절독감이라는 '과거'의 질병 경험에 더해 '현재'와 '미래'의 시간성도 관여했던 것이다.

5. 요약과 결론: 팬데믹 재난은 어떻게 끝나는가

재난은 처음에는 '새로운 것'으로 우리를 압도하지만, 점차 '익숙한 것'이 되어가며 함께 살아갈 수 있는 대상이 된다. 이 과정에서 '유사−전례'는 현재의 재난과 완전히 똑같지 않더라도 그와 유사한 과거의 경험을 끌고 들어와 새로운 재난을 익숙하게 만든다. 2020년 초반 전 세계를 강타한 코로나19 역시 처음에는 국제사회와 각국 정부와 시민을 당혹케 하는 매우 새로운 질병이었다. 코로나19라는 신종 감염병을 빗대어 이해할 수 있는 과거의 유사한 경험을 떠올릴 수 없었을 때는 도대체 코로나19가 어떻게 풍토병이 될 수 있다는 것인지, 만약 코로나19가 풍토병이 된다면 우리는 이 질병을 어떻게 대해야 할 것인지 상상조차 할 수 없었다. 그러나 '오미크론=계절독감 레토릭'의 출현으로 계절독감이라는 '유사-전례'에 빗대어 코로나19를 경험하기 시작하면서, 점차 코로나19는 전례 없는 새로운 질병이 아닌 함께 살아갈 수 있는 풍토병이 되기 시작했다.

또한 '오미크론=계절독감 레토릭'이라는 팬데믹 예언은 과거의 기억을 환기하는 것뿐 아니라 현재 마주한 팬데믹 상황에 대한 이해와 미래에 변화될 팬데믹 상황에 대한 예측을 제공함으로써 더욱 강력한 설득력을 지니게 되었다. 이런 과정을 통해 팬데믹 상황을 새롭게 이해하는 새로운 '재난의 상'이 형성되면서, 재난은 익숙한 것이 되고 우리는 코로나19로부터 일상을 되찾을 수 있었다. 이처럼 재난의 상이 어떤 과거의 기억과 현재의 지식과 미래의 추측에 기대고 있는지, 그리고 그러한 재난의 상을 구성하는 요소들이 시간의 흐름에 따라 어떻게 변화하며 재난의 상을 바꿔나가는지 들여다보는 작업은 재난이 어떻게 끝나는가를 이해하는 데 도움이 될 것이다.

8장 참고 문헌

Caduff, C. (2014), "Pandemic Prophecy, or How to Have Faith in Reason", *Current Anthropology*, Vol. 55, No. 3, pp. 296–315

Caduff, C. (2015), *The Pandemic Perhaps: Dramatic Events in a Public Culture of Danger*, Berkeley: University of California Press.

COVID-19 보건의료인용 홈페이지, "코로나19 신고·보고", https://ncv.kdca.go.kr/hcp/page.do?mid=0202, 2023. 6. 8. 접속.

Craig, E. (2021.11.29.), "Could Omicron be GOOD News? Variant 'might speed up end of pandemic if it causes mild illness", Daily Mail Online, https://www.dailymail.co.uk/news/article-10253611/Could-Omicron-GOOD-news-Variant-speed-end-pandemic-causes-mild-illness.html, 2023. 6. 8. 접속.

Kelly, A. H. (2018), "Ebola vaccines, evidentiary charisma and the rise of global health emergency research", *Economy and Society*, Vol. 47, No. 1, pp. 136–161.

Lakoff, A. (2017), *Unprepared: Global Health in a Time of Emergency*, Berkeley: University of California Press.

WHO (2018. 8. 4.), Estimating Mortality from COVID-19, https://www.who.int/news-room/commentaries/detail/estimating-mortality-from-covid-19, 2023. 7. 14. 접속.

김기흥 (2020), 「코로나바이러스 모델링의 사회학: 영국의 수학적 모델은 왜 초기방역에 실패했는가?」, 《사회와 이론》 제37집, 263~302쪽.

김기흥 (2021), 「코로나19 질병경관의 구성: 인간-동물감염병 경험과 공간중심방역」, 《ECO》 제25권 제1호, 83~130쪽.

류보영·신은정·김나영·김동휘·이현주·김아라·박신영·안선희·장진화·김성순·권동혁 (2022), 「SARS-CoV-2 변이 유행에 따른 국내 코로나19 중증도 추이」, 《주간 건강과 질병》 제15권 제47호, 2873~2895쪽.

보건복지부 (2022. 2. 4.), 「코로나19 중앙재난안전대책본부 정례브리핑」.

보건복지부 (2022. 2. 23.), 「오미크론 치명률은 델타에 비해 1/4 수준, 예방접종 완료시 오미크론 치명률은 계절독감과 유사하거나 낮아지는 것으로 분석」.

보건복지부 (2022. 4. 15.), 「사회적 거리 두기 조치 약 2년 1개월 만에 해제」.

질병관리청 (2022a), 「2022년도 감염병 관리 사업 안내」.

질병관리청 (2022b), 「2022-2023절기 인플루엔자 관리지침」.

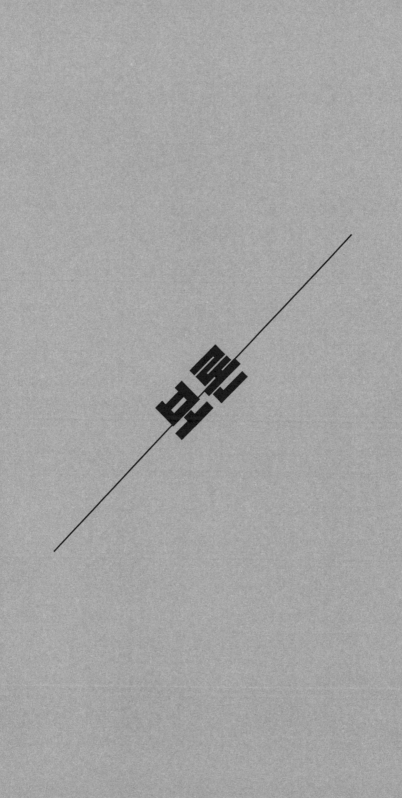

9 한국의 기술 재난과 음모론
: 영화 〈그날, 바다〉를 중심으로

홍성욱
서울대학교 과학학과 교수

1. 서론

조선 시대 지진이 일어나면 왕이 해괴제라는 기양의례를 지냈다. 가뭄이 심하면 기우제, 홍수가 나면 영제, 전염병이 창궐하면 여제를 지냈다. 조선의 왕은 큰 재난이 발생하면 "왕의 부덕의 소치"라고 자신을 탓했는데, 이는 입에 발린 말이 아니라 진심으로 그렇게 생각했던 것으로 보인다. 중국의 고대사에는 메뚜기 떼가 창궐하자 메뚜기 두 마리를 잡아서 삼킴으로써 이를 진정시킨 성왕의 사례가 기록되어 있다. 왕이 제사를 지내도 재난이 누그러지지 않으면, 자신 때문이라고 생각할 수밖에 없었던 것이 당시의 상례였다.

서구의 과학기술이 도입되고 사회가 근대화되면서 이런 생각은 사라졌다. 가뭄이나 홍수, 심지어 대지진 같은 자연재해가 지도자의 부덕 탓이라고 생각하지는 않는다. 자연재해는 '자연히' 생기는 것이지, 자연이 노해서도 신이 화가 나서도 발생하는 것이 아니다. 다만, 자연재해가 평상시보다 더 큰 피해를 낳는 경우는 '인재'로 간주하고, 이것은 누군가의 과실, 태만, 불법 행위 때문이라고 생각한다. 홍수가 났는데 아파트 지하 주차장에 물이 가득 차서 주민이 사망했다면, 주차장을 잘못 지은 책임이 아파트 시공사, 건설사, 주차장 배수를 담당한 하청 업자, 물의 범람을 공지하지 않은 관리 사무소 등의 여러 관계자 중 누구에게 돌아가야 하는지를 묻는다. 어떤 경우에는 재난과 직접 관련이 없는 고위 결정권자에게 책임을 묻기도 하고, 어떤 경우에는 책임이 분산되어 경감되거나 '불가항력이었다'라는 판단을 통해 인적 책임이 소멸되기도 한다.

잘 작동하던 시스템이 갑자기 오작동해 큰 사고가 났을 때 그 이유를 알기는 쉽지 않다. 어떤 경우에는 한참 동안 그 이유를 알지 못하기도 한다. 기술 재난은 그 원인이 사람에게 있는 경우가 많은데, 이렇게 이유를 잘 모를 때 그 틈새를 비집고 음모론이 스며든다. 잘 운항하던 비행기가 갑자기 경로를 이탈해 적국의 미사일 공격을 받아 추락했다. 기장의 실수인가? 기장은 오랫동안 무사고로 모범 운항을 하던 사람이었는데? 비행기 고장인가? 그렇지만 자동 항법 장치는 고장 날 리가 없는데? 그럼 누군가가 일부러 비행기 경로를 바꾸거나 항법 장치를 건드렸을 가능성밖에 없는데? 대체 누가 이런 끔찍한 일을 눈 하나 깜빡하지 않고 할 수 있는가? 왜? 적국의 대공 방어 능력을 테스트하기 위해서? 꼬리에 꼬리를 무는 의문은 결국 이런 오작동의 배후에 사악한 의도를 가진 비밀 세력이 존재한다는 생각으로 이어진다.

자연 재난보다 기술 재난에 음모론이 더 쉽게 파고든다. 지진, 태풍, 홍수, 가뭄 같은 자연 재난의 경우에는 특정 세력이 의도를 가지고 일으켰다고 보기 힘들다. 반대로 기술 재난은 무엇인가가 고장이 나거나 과실로 발생하는 것이 많지만, 누군가가 의도를 가지고(예를 들어 방화 같은 경우) 일어나는 경우도 많다. 그런데 이를 조금 확대하면 한 개인이 아니라 권력을 가진 집단이 재난의 배후에 있으며, 이를 은폐하기 위한 또 다른 공작이 이루어진다는 시나리오를 펼칠 수 있다. 실제로 이런 음모가 있는 때도 있겠지만, 대부분의 음모론은 재난의 원인이 정확히 밝혀지지 않았다고 생각하는 데서 비롯된다.

이번 장에서는 기술 재난과 관련한 음모론을 분석해 볼 것이다. 이를 위해서 먼저 음모론 일반에 관해 살펴본 뒤에, 2014년 4월 16일에 있었던 세월호 참사에서 어떤 음모론이 등장했는지 살펴보고, 세월호 참사를 다룬 다큐멘터리 영화 〈그날, 바다〉(김지영, 2018)의 서사와 음모론의 관계를 따져볼 것이다. 이를 통해 어떤 맥락에서 음모론이 탄생하고, 또 논박하기 힘들 정도로 강화되는지, 그리고 이를 피할 수 있는 실천 방안은 무엇인지 제시해 보려고 한다.

2. 음모론과 음모론의 사례들

브리태니커 백과사전에 따르면, '음모론conspiracy theory'은 위해나 비극적인 사건을 소수의 강력한 힘을 가진 집단의 행동 때문에 야기된 사건으로 설명하려는 시도를 의미한다(Reid, 2023). 반면, '음모주의conspiracism'는 세상의 사건이나 역사를 음모론 중심으로 바라보는 관점 혹은 세계관을 의미한다. 여러 가지 사건에 대한 설명에서 음모론적 설명을 추종하다 보면 음모주의 세계관에 빠져들기 쉽다.

음모론은 양날의 칼이다. 어떤 때는 지배자가 민중을 억압하는 도구가 되기도 하고, 또 어떤 때는 민중이 지배자에게 저항하는 도구가 되기도 한다. 당시 권력을 잡고 있던 군사정권은 광주 민주화 운동을 북한 간첩이 사주한 것이라는 음모론을 펼쳤다. 사망자 중에 독침에 찔려 죽은 사람이 있다는 그럴듯한 가짜 증거까지 만들었다. 반면에 1987년 11월 29일 북한 공작원에 의한 KAL[KE858]기 폭발 테러가 실제로는 남한 안기부의 공작이라는 음모론도 널리 퍼졌다. 이는 당시 군사 정부에 대한 불신의 반영이자, 군사 정부가 강제하던 강력한 비밀주의에 대한 비판을 담은 것이었다. 사회과학자들은 지배계급의 음모론을 정통[orthodox] 음모론으로, 피지배계급의 음모론을 이단[heterodox] 음모론으로 부르기도 한다. 음모론에 관한 사회학적 분석을 자세하게 제시한 『음모론의 시대』에서 전상진은 2008년 촛불 시위를 놓고 음모론이 저항의 무기이자 이를 분쇄하는 도구로 사용되는 것을 보고 음모론 연구를 시작했다고 술회하고 있다(전상진, 2014).

음모론은 음모와 이론의 결합이다. 즉, 음모론에는 어떤 종류의 '이론'이 들어가야 하며, 따라서 음모론은 단순한 상상이나 공상과는 다르다. 그렇지만 정통 음모론에는 확실한 이론이 들어가는 경우가 많은데 비해, 이단 음모론에는 이론이 없는 때도 있다. 정통 음모론은 학자와 전문가의 지원을 받는 경우가 많지만, 이단 음모론을 지원하는 전문가는 드물기 때문이다. 그래서 이론의 유무를 음모론의 기준으로 삼는 것은 문제가 될 수 있다.

다음의 표에서 보듯이 음모론은 1) 질병 음모론, 2) 정상 음모론,

[표 9.1] 음모론의 유형

유형	주장	단점
질병 음모론 (R. 호프스태더)	• 편집증적 정치 이론이자 세계관 • 선한 '우리'와 악한 '그들 사이의 대립	• 공식 설명 중에서도 음모론적인 구조와 특성을 가진 것이 있음 • 음모론 가운데 사실로 드러난 것이 있음
정상 음모론 (C. 피그던)	• 음모론을 음모를 사실로 가정하는 이론으로 평가 • 합리적 의심의 다른 이름 • 음모론을 억압하는 것은 민주주의에 해로움	• 음모론의 범위가 너무 넓음 • 비공개 회의가 포함되는 거의 모든 정치·경제적 행위가 음모가 되면서 음모론이 포착하던 고유한 현상이 사라짐
충돌 음모론 (D. 코디)	• 특정 역사적 사건을 비밀스러운 행위자들의 음모에 의한 것으로 설명하는데, 이 설명이 '공식적인' 설명과 상충	• 지배 집단에 의해 만들어진 음모론은 그 시대에 당대의 사회 현상에 대한 '공식적인' 설명인 경우가 많음

3) 충돌 음모론이라는 세 가지 유형으로 나뉜다. R. 호프스태더의 '질병 음모론'은 음모론을 선한 우리와 악한 그들 사이의 대립만 보는 편집증적인 세계관으로 여긴다. 그렇지만 이 이론은 공식적인 설명 중에서 음모론적 구조를 가진 것이 많고, 음모론 중에서 사실로 판명된 것이 있다는 점을 잘 설명하지 못한다. 이에 반해 C. 피그던 같은 학자가 주장한 '정상 음모론'은 음모론을 합리적 의심의 다른 이름으로 넓게 정의하며, 이를 억압하는 것이 바람직하지 못하다고 본다. 그러나 이런 정의는 너무 넓어서 전형적인 음모론이 담고 있는 독특한 특성을 주목하지 못하게 만드는 약점이 있다. 마지막으로 코디가 정의한 충돌 음모론은 비밀스러운 집단에 의한 행위와 공식 설명의 충돌에 주목하는데, 이는 공식 설명 역시 어떤 것은 음모론적 성격을 띠고 있을 뿐만 아니라 나중에 음모론으로 판명되기도 했다는 사실을 잘 설명하지 못

한다. 이렇게 음모론을 한마디로 정의하기는 쉽지 않다(전상진, 2014).

음모론의 편집증적인 특성은 '과다 합리성'으로 설명될 수 있다. 즉, 사건의 모든 측면을 하나의 이론으로 의심의 여지 없이 모두 설명할 수 있고, 또 그래야 한다는 입장이다. 티끌만큼의 의심이나 불충분한 설명이 있어서는 안 된다는 태도인데, 이런 입장에 따르면 세상에 우연이라는 것은 존재하지 않는다. 모든 것을 이해하고 또 통제해야 한다는 생각이 극단적으로 발현된 경우를 '편집증'이라고 하는데, 특히 자신의 통제력이 상실되었다고 느낄 때 이런 편집증적 성향이 강해질 수 있다. 심리학자의 연구에 따르면, 세상과 정치에 대해서 냉소적인 태도를 가지고, 세상에 영향력을 미칠 수 있는 자신의 능력을 무력하게 여기는 사람들이 음모론을 더 쉽게 믿는다(Swami and Coles, 2010).

2008년에 새로 대통령이 된 이명박은 미국과의 경제 협상의 일환으로 미국에서는 식용으로 사용하지 않는 30개월 이상의 소고기를 수입하기로 결정했는데, 이에 대한 국민의 저항이 갈수록 심해졌다. 아무리 설득하고 달래도 저항과 반대가 수그러들지 않자, 정부는 이 모든 저항이 몇몇 불순 세력의 조직적 공작 때문이라고 주장하기 시작했다. 통제의 상실이 편집증적 성격을 강화한 사례라고 볼 수 있다.

음모론은 재난과 관련해서만 제기되는 것은 아니다. 오히려 재난보다 다른 사회적 현상에 대해서 더 자주 제기된다. 미국에서는 케네디 암살에 관한 음모론이 영화로까지 만들어질 정도로 유명하고, 1969년 아폴로 11호의 달 착륙이 가짜이며 이를 정부가 조작했다는 음모론도 유명하다. 전 세계를 '일루미나티' 같은 비밀 조직이 실제로 지배하고 있다든가, 미국 정부가 UFO와 외계인을 발견하고 회수했지만 이를 철저하게 비밀로 감추고 있다는 이야기도 널리 퍼져 있다. 에이즈 바이러스가 사람이 만든 것이라는 음모론도 유명하다. 이번에 코로나 19 팬데믹 기간에도 백신에 빌 게이츠가 만든 나노 마이크로칩이 삽입 되어 있다는 음모론이 널리 퍼졌다.

한국의 경우에는 국정원 같은 기관에서 연예인들의 스캔들 정보를 잔뜩 가지고 있다가 중요한 정치적 사건과 함께 터트려서 사람들의 관심을 연예계로 돌린다는 음모론이 널리 퍼져 있다. 동아일보의 설문조사에 따르면 "연예 이슈로 주요 현안을 덮는 '음모론'을 사실이라고 믿는가?"라는 질문에 남성은 66.5%가 그렇다고 답을 했고, 여성은 82.5%가 그렇다고 답을 했다. 보통이라고 답을 한 사람을 제외하고, 믿지 않는다고 답을 한 비율은 남성이 13%, 여성이 5%에 불과했다. 음모론이 확산되는 이유로 남성은 가장 많은 비율인 36%(여성은 27.5%)가 우리 사회 전반에 확산된 불신 때문이라는 답을 했지만, 여성은 31%(남성은 19.5%)가 사회 분위기를 해치려는 세력이 존재하기 때문이라고 답했다(김배중·정양환, 2016).

재난과 관련해서는 2001년에 미국을 대상으로 벌어졌던 9·11 테러에 대한 음모론이 지금까지 언급한 유명한 음모론의 대열에 합류할 수 있다. 수많은 사람이 두 대의 비행기가 세계무역센터 '쌍둥이 빌딩'에 충돌한 광경과 빌딩이 무너져 내리는 광경을 목격했고, 전 세계가 이를 녹화한 비디오를 시청했다. 이 테러로 건물에 있던 시민, 소방관, 경찰관 등 수천 명이 사망했다. 같은 시간에 펜타곤에도 비행기가 추락했고, 건물의 한쪽이 무너져 내리면서 180여 명이 사망했다. 그런데 이런 명백한 사건을 놓고도 '음모론'이 등장했다. 음모론에 따르면 비행기가 폭발하면서 내는 화염은 철제 건물의 철근을 태울 수 없기에, 건물이 무너진 이유는 누군가 폭탄을 미리 설치해 놓고 비행기의 충돌 시간에 맞춰 터뜨렸으며, 건물 잔해 주변에서 발견된 고성능 폭약의 흔적이 이를 증명한다는 것이다.

펜타곤 공격에 대한 음모론도 있는데, 펜타곤이 파괴된 사진을 보면 비행기의 잔해가 전혀 보이지 않기 때문에 실제 비행기의 충돌은 없었다는 것이다. 이런 음모론은 알카에다가 아닌 미국 내의 고위 정보국이 테러를 계획하거나 지원했고, 이를 알카에다와 빈 라덴의 소행으로 뒤집어씌웠다고 주장한다. 빈 라덴이 한때 미국과 가까웠고 미국 고위층에 아는 인사가 많다는 사실은 이런 음모론에 신빙성을 더해주었다. 알카에다에 의한 테러는 일어난 적이 없고, 세계무역센터와 펜타곤의 폭발은 위기 상황을 만들어 중동을 옥죄고 세계의 경찰국가로서 강력한 감시와 치안을 강화하려는 미국의 음모라는 것이다.

스티븐 존스 같은 물리학자는 건물의 잔해 속에서 화약에 사용되는 테르밋thermite 분말 가루를 발견했다고 하면서, 이것이 미국 정부가 세계무역센터 빌딩에 미리 화약을 설치하고 비행기가 건물에 부딪히는 순간에 맞춰 이를 폭발시킨 결정적 증거라고 주장했다. 이런 음모론에 동조하는 뉴욕 시민이 한때 절반에 육박했지만, 이런 주장은 테러를 조사한 공식 보고서에 어떤 영향도 주지 않았다. 이 이론이 참이라면 수백~수천 킬로그램의 폭약과 전기 설비를 건물로 반입하고 벽을 부숴서 이를 숨겨놓는 공사를 했어야 하는데, 이를 목격하거나 눈치챈 사람이 아무도 없었기 때문이다. 음모론은 이처럼 더 큰 상식 앞에서 맥을 못 춘다.

얼핏 보면 음모론은 과학적 방법과 닮은 방식으로 우리를 설득한다. 이해가 안 되는 상황을 끝까지 추적해 설명하려고 애쓰기 때문이다. 그런데 그 과정에서 보이지 않는 힘의 개입을 상정하고, 이를 지지하는 증거만을 골라내고, 다른 증거들은 무시하면서 상식과 어긋난 가정을 도입하는 데 거리낌이 없다. MIT의 엔지니어 토머스 이거는 음모론이 권력 집단의 숨겨진 의도를 먼저 가정하고 이에 부합하는 증거만을 선별한다는 점에 착안해 음모론에 '역逆, reverse과학적 방법'이라고 이름 붙였다. 그래서 음모론은 매우 과학적인 것처럼 보이지만 실제로는 과학과는 거리가 멀다(Walch, 2006). 이런 음모론의 특징은 이 글의 결론에서 재론하겠다.

음모론을 진지하게 연구한 사회학자 전상진은 음모론의 보편적 형식을 다음 일곱 가지로 정리한다(전상진, 2014).

1) 음모론은 고통스러운 현실과 기대의 간극을 상상을 통해 해결하는 방식이다.
2) 음모론은 책임을 전가하는 책임 회피의 정형화된 양식이다.
3) 음모론은 복잡한 사안을 단순하게 만드는 설명 형식이다.
4) 음모론은 고통스러운 현실을 받아들이기 힘든 상황에 대한 방어기제다.
5) 음모론은 고통을 유발하는 문제의 원인을 사람에게서 찾는다.
6) 음모론은 우연을 인정하지 않고, 나쁜 일이 모두 의도된 결과임을 강조한다.
7) 음모론은 착하고 선량한 희생자인 '우리'와 사악한 '그들'의 이원론을 전제한다.

이제 다음 절에서는 세월호 참사와 관련해 어떤 음모론이 제기되었는지 살펴보면서, 세월호 음모론에 이런 음모론의 특성이 어떻게 반영되어 있었는지 논해보려 한다.

3. 세월호 참사와 음모론

2014년 4월 16일 아침에 세월호가 침수한 직후부터 미확인 보도는 인터넷 언론과 게시판을 통해 확산되었다. 당일에 보도된 것으로 탑승객 전원이 구조되었다는 속보가 있었다. 이는 나중에 언론사에서 취재를 담당한 MBC 기자의 허술한 실수로 인한 오보로 밝혀졌지만, 이런 보도가 나오게 된 이유에 대한 음모론적 추측이 난무하는 계기를 제공했다. 이 음모론 중 하나는 전원 구조의 보도가 당시 박근혜 정권이 세월호를 고의로 침몰시키고 전원 구조해 정권의 지지도를 올리려는 시나리오가 유출되었기 때문이라는 것이다.

세월호 출항 전에 안개가 자욱해 다른 배들의 출항은 연기되었지만, 세월호만 출항했다는 것도 음모론의 요소가 되었다. 배가 출항하지 않았다면 인명 피해가 생기지 않았을 것이기 때문이다. 여기에 원래 예정되어 있던 오하마나호가 아닌 세월호가 배정되었다는 것도 음모론에 힘을 더했다. 누군가가 고의로 위험한 배를 선택하게 했고, 또 위험을 알면서도 강제로 출항하게 했다는 것이다. 세월호와 오하마나호는 '쌍둥이 배'라고 할 정도로 모습이 비슷했고, 청해진 해운이 일본에서 함께 구입해 인천-제주 항로에 투입한 배였다. 배가 바뀌는 것은 종종 있는 일이었고, 세월호도 기상 악화 때문에 출항하지 못하고 있다가 기상 여건이 좋아져 출항한 것이었는데, 음모론은 이 모든 것이 사고를 필연적으로 만들어야 하는 시나리오의 일부라고 보았다.

　음모론에 힘을 더했던 것은 국정원 개입설과 청해진 해운의 회장 유병언 타살설이다. 세월호 참사 이후에 유병언 회장은 자취를 감추었고 당국은 현상금 5억 원을 걸어 수배했지만, 결국 미라 형태를 한 시체로 발견되었다. 유병언이라는 인물은 과거 전두환 정권 시절에 특혜 논란이 있던 세모의 소유주였고, 오대양 변사 사건의 배후로 지목된 구원파의 대표이기도 했다. 하필 그처럼 논란이 많은 인물이 청해진 해운의 회장이자 실질적 소유주였던 것도 우연치고는 너무 기이했으며, 그가 야산을 떠돌다가 굶어 죽어서 미라가 되어 발견된 것도 이해하기 힘들었다.

　유병언의 행방이 묘연한 동안에 그가 이미 중국으로 도피했고, 이 도피를 정보기관이 도와주고 있다는 음모론도 자자했다. 특히 국정원이 어떤 방식으로든 세월호 참사와 관련이 있었다는 소문은 초기부터 널리 퍼졌다. 이후 2016년에 세월호에서 노트북, 수첩, DVR 등이 수거된 뒤에, SBS의 〈그것이 알고 싶다〉는 직원의 수첩에서 "소름 끼치도록 황당한 일이 세타ϴ의 경고 경고!"라는 글귀와 그 위에 "국정원과 선다 대표 회의 라마다 Hotel 12시"라고 적힌 메모를 찾아 보도했다. 2013년 3월 22일에 작성된 이 메모만 보면 세타가 국정원을 암시하는 것 같았다. SBS의 방송은 세월호와 국정원의 관계를 다시 수면 위로 떠오르게 했고, 이 과정에서 국정원이 세월호를 '국가 보호 장비'로 지정해 관리하면서 세월호의 세부 설비를 점검하고 미비한 점을 지적했다는 사실이 드러났다. 하지만 대한민국의 해안을 운항하는 연안 여객선은 비상시를 대비해 해군이나 국정원의 관리하에 둔다는 것 또한 사실이었다. "세타의 경고"를 적은 청해진 해운의 직원은 기억이 잘 안 난다고 하면서 이것이 개인적인 메모라고 진술했는데(유지훈, 2016), 실 제로 그 메모 바로 밑에 "징계를 넘어 경고 수준 메시지!!/범사에 고맙 고 감사해라!!"라는 메모가 이어서 적혀 있는 것을 보면, 세타의 경고 메시지는 종교적 의미를 담은 개인적인 메시지였다고 보는 것이 더 타 당하다. 국정원이 세월호 침몰에 관여했거나 책임이 있다는 증거는 더 나오지 않았다.

세월호 참사는 당시 집권 여당에 크게 부담스러운 '정치적' 사건 이었다. 정치적으로 노회한 사람들은 고등학생 250명을 포함해 300명 이상의 사망자를 낸 세월호가 정권에 큰 부담이 될 것이라는 점을 참 사 직후부터 알아차렸다. 게다가 박근혜 대통령이 대책 본부에 느지막 이 나타나서 "아이들이 구명조끼를 입고 있다는데 왜 이렇게 발견하기 힘드냐"라는 엉뚱한 견해를 내놓는 바람에, 시민들의 분노는 국정원을 넘어 최고 통치권자에게까지 뻗쳤다. 따라서 여당과 정치권은 검경, 국 정원, 언론을 최대한 동원해 세월호에 대한 민심이 흉흉해지는 것을 막 으려 했는데, 이는 정부와 여당이 바라던 것과는 정반대의 결과를 낳았 다. 유가족과 국민들은 정부가 세월호 조사를 방해하고 있다고 생각하 게 되었고, 그 이유는 대통령이나 국정원이 참사에 직간접적으로 관련 되어 있으며, 그래서 숨길 것이 있기 때문이라고 생각했다(홍성욱, 2020).

이런 음모론은 극단으로 치달았다. 조선일보와 일본 산케이 신 문은 박근혜 대통령이 나타나지 않았던 7시간 동안에 박근혜가 사이 비 종교 단체 교주였던 최태민의 사위 정윤회와 만나고 있었다는 의혹 을 보도했다. 이런 보도는 당시 떠도는 소문을 근거로 한 것이었다. 오래전에 박근혜와 최태민의 관계가 부적절하다는 소문이 돌았는데, 정윤회를 계기로 이미 사망한 최태민이 소환된 뒤에 사람들 사이에서는 '세월호 인신공양설' 같은 흉흉한 소문이 돌았다. 최태민의 사망일이 1994년 4월 16일이었고, 20주기에 맞춰 세월호를 침몰하게 해 아이들을 제물로 바쳤다는 것이다. 오하마나호가 세월호로 바뀌었고, 세월호가 무리하게 출항했고, 하루 전에 1등 기관사가 새로 임명되었고, 그가 사실은 국정원 요원이었고, 법정에 출정한 1등 기관사는 다른 사람이었고, 하루 전에 1등 기관사가 선장을 대신하게 선박 운항 법령이 바뀌었다는 이야기는 모두 세월호의 침몰이 박근혜 정부의 계획이라는 음모론을 지지하는 증거였다. 세월호가 침몰한 근처의 병풍도는 사실상 제사상의 병풍이었다는 그럴듯한 '설'도 제시되었다. 그렇지만 최태민의 사망일은 5월 1일이었고, 국정원 요원이 탑승했다거나 기관사가 바뀌었다는 등의 소문은 터무니없는 거짓으로 밝혀졌다.

이 모든 음모론은 어렵지 않게 논박될 수 있는 것이었지만, 시간이 지나면서 더 정교한 음모론이 등장하기 시작했다. 배를 침몰시킨 주체가 누구인지 명시하는 대신에, 배의 침몰이 과학적으로 설명될 수 없다고 보는 것이었다. 여기에는 크게 두 가지 형태의 음모론이 있었는데, 첫째는 배를 엄청난 힘으로 밀어서 넘어뜨릴 수 있을 정도로 큰 외력이 세월호에 작용해 배를 침몰시켰다는 것이다. 당시 바다는 잔잔했고 다른 배도 없었기 때문에 이 정도 외력은 통나무 같은 부유 물체에 의해서는 불가능했고, 결국 이런 가능성을 상상하다 보면 남는 것은 잠수함뿐이었다. 둘째는 누군가가 고의나 실수로 내린 닻이 해저 지형에 닿아 배를 기울게 해서 침몰시켰다는 것이다. 이 두 번째 설명은 공

식 조사 기관에 의해서 공표된 세월호의 AIS 항적도가 조작되었고, 목
격자들의 증언에 토대를 둔 제대로 된 항적도를 그려보면 세월호가 섬
에 바짝 붙어서 해심이 낮은 바다를 항해했다는 해석에 근거하고 있다.
그렇게 해야 배에서 내린 닻이 해저 지형에 걸려 세월호의 방향을 급변
하게 하면서 배를 기울게 할 수 있기 때문이다.

　　이 두 음모론은 모두 특정한 '이론'에 근거하고 있는데, 세월호가
복원성이 양호한 배였다는 것이다. 이전의 의혹들은 세월호가 문제가
많았던 배라는 사실을 인정하고 시작했다. 침몰 직전의 배를 (어떤 이유
에서든) 강제로 출항시켜서 죄 없는 사람들을 수장시켰다는 것이다. 그
런데 새롭게 등장한 이 두 음모론은 이와는 정반대의 가정에서 시작한
다. 세월호는 무리한 증·개축을 실시했지만, 2014년 4월 16일 당시에
복원성이 나쁘지 않았다는 것이다. 복원성이 나쁘지 않았던 배가 잠수
함이나 늘어뜨린 닻 같은 외력에 의해 침몰했기 때문에, 세월호를 불
량하고 위험한 배라고 주장하는 사람들은 이런 외력의 존재를 감추려
고 하는 사람들이라는 것이다. 즉, 복원성 불량을 이야기하는 사람들
은 세월호를 전복시킨 뒤에 진실을 은폐하는 세력과 한패라는 주장이
었다(황정하·홍성욱, 2021).

　　세월호가 복원성이 양호한 배였다는 이론은 여러 가지 증거를 이
용하는데, 여기에서는 두 가지만 논하려고 한다. 하나는 상식적인 증
거이며, 다른 하나는 '과학적인' 증거다. 상식적인 증거는 세월호가 사
고 당일 이전에 1년 동안 큰 사고 없이 인천−제주 간을 운행했다는 사
실이다. 4월 16일 당일 세월호가 과적해 복원성이 나빠졌다고 하는데,
이전에는 이보다 더 많은 짐을 싣고도 항해한 적이 있다는 식이다. 이

런 세월호가 갑자기 기우뚱하면서 급격하게 기울 이유가 없다는 것이다. 두 번째는 복원성을 계산한 결과가 양호하다는 것이다. 복원성을 알기 위해서는 배의 무게, 승객 및 화물의 무게, 화물의 위치, 평형수 등을 고려해야 하는데, 세월호에 대한 조사가 진척되면서 이런 변수들이 점차 정확하게 알려졌다. 외력을 주장하던 이들은 이렇게 새롭게 알려진 값을 대입해 복원성을 계산하면 세월호의 복원성이 양호하게 나온다고 주장했다. 세월호는 복원성이 양호한 '멀쩡한' 배였고, 사고 당일에도 아무런 문제 없이 평탄하게 운항하고 있었는데, 잠수함 같은 외력이 세월호와 충돌하거나 닻 같은 물체가 세월호를 끌면서 배를 크게 우선회하게 만들었고, 그러면서 좌현으로 기울게 했다는 것이다.

하지만 이런 음모론은 비판적이고 상식적인 판단 앞에서는 사실상 설 자리가 없었다. AIS 데이터는 한곳에서 수집하거나 만들어지는 것이 아니라, 여러 곳에서 동시에 수집되기 때문에 이 모든 기관과 조직을 매수해 데이터를 일관되게 조작하지 않고서는 조작이 불가능한 것이었다. 또 세월호가 침몰되기 직전의 사진은 두 닻이 모두 감겨 있는 모습을 보여주는데, 닻을 내리고 사고를 낸 뒤에 다시 닻을 감아올리는 과정에서 어떤 승객도 이를 몰랐다는 사실도 상식과 크게 어긋났다. 무엇보다 닻이 해저에 걸려서 배가 기우뚱할 정도로 충격을 받았다면 닻을 감아올리는 윈치가 크게 손상되었을 텐데, 여기서도 아무런 손상의 흔적을 발견할 수 없었다. 잠수함 충돌의 경우에도 사고 당시에 근처에 잠수함이 없었고, 맹골수도는 잠수함이 다니기 불가능할 정도로 수심이 얕다는 해군의 공식 해명이 있었다. 이런 발표를 못 믿는다고 해도, 배를 전타 효과를 낼 정도로 크게 선회할 만큼 잠수함이 충돌했다면, 이런 충돌은 배에 큰 구멍을 내거나 배의 좌현을 찢어놓을 정도의 충격을 주었을 텐데, 이런 충돌 흔적이 발견되지 않았다. 잠수함 충돌설을 주장한 사람들은 핀안정기실 철근의 휘어짐이나 스태빌라이저의 휘어짐을 그 증거로 제시했는데, 이는 세월호가 해저에 가라앉으면서 생긴 충격이지 1,000톤이 넘는 잠수함이 배에 충돌해 생긴 흔적일 수는 없었다. 복원성과 관련해서도, 복원성 값을 계산한 많은 전문가들은 세월호의 복원성이 불량했다는 점을 밝혔고, 무엇보다 선원들의 경험과 진술이 세월호가 복원성이 나쁜 배였다는 사실을 보여주고 있었다.

그렇지만 당시 많은 사람이 이런 음모론이 진실의 일부를 담고 있다고 생각했다. 세월호 사고에 대해 비통해한 시민들은 세월호 조사에 대한 정부와 여당의 태도가 미지근한 정도를 넘어 조사를 방해하고 있다고 느꼈는데, 그것은 이들이 무엇인가를 숨기고 있어서 그렇다고 생각했다. 〈김어준의 파파이스〉 같은 방송은 AIS 항적도가 조작되었고 세월호에 탑승한 누군가가 일부러 닻을 내려 고의로 배를 침몰시켰다는 황당한 주장을 마치 근거가 있는 것처럼 설파했는데, 시민들은 이 보도를 영화로 만드는 시민 펀딩 프로젝트를 기꺼이 지원했다. 20억 원이 넘는 돈이 모였고, 그 결과는 김지영 감독의 영화 〈그날, 바다〉로 공개되었다.

4. 다큐멘터리영화 〈그날, 바다〉의 서사와 음모론

다큐멘터리영화 〈그날, 바다〉는 〈김어준의 파파이스〉에서 제기된 앵커 침몰설을 모티브로 제작되었다. 〈김어준의 파파이스〉 21회

(2014. 9. 5. 방송)는 AIS 항적 조작 의혹을 제기하면서, 세월호의 실제 항로와 침몰 위치가 발표된 것에서 500미터 떨어져 있었다고 주장했다. 〈김어준의 파파이스〉 38회(2015. 1. 15. 방송)는 고의로 내린 좌현 앵커가 해저에 걸려 배가 급선회했다고 주장하면서, 이 내용을 김지영 감독과 함께 다큐멘터리로 제작할 계획을 밝혔다. 그런데 2017년 3월, 세월호 선체가 인양되었고, 닻을 감는 윈치가 온전하다는 것이 드러났다. 제작진은 이에 대한 특별한 입장 표명 없이 영화 제작을 이어갔고, 영화는 2018년 4월 12일에 개봉했다. 개봉 8일 만에 26만 명의 관객이 찾아서 정치·시사 다큐멘터리 중 흥행 1위를 기록할 정도로 인기를 끌었다. 누적 관객은 54만 명, 누적 매출액은 44억 원이었다.

영화는 모두 여섯 개의 챕터로 구성되었는데, 각각의 제목과 내용은 다음 표와 같다.

영화에서는 세월호가 비밀스러운 집단의 음모로 좌초되었고, 또 그 실상이 은폐되었다는 서사를 설득력 있는 것으로 만들기 위해 여러 가지 수사학rhetoric을 사용하고 있다(Rabiger, 2014). 여기에서는 이를 일곱 가지로 나누어 살펴보도록 한다.[21]

1) 재귀적 양식: 영화에서는 영화를 만들기로 한 동기와 과정 자

---

21 래비거는 다큐멘터리의 형식적 구성 요소를 영상과 음향으로 분류했다. 민병현·백선기(2009)는 래비거의 분류를 차용해 다큐멘터리 영상 구성 요소를 진행 및 취재, 내레이션, 인터뷰, 현장 화면, 자료 화면, 컴퓨터 그래픽, 재연, 특수 영상 여덟 가지로 분류했다. 신성환(2015)은 현장 화면과 자료 화면, 당사자 및 증인 인터뷰는 시각적 진실의 직접적 증거로, 전문가 인터뷰, 재연, C/G, 특수 영상은 전자를 해석하고 재구성하는 간접적 증거로 나누었다. 본 연구에서는 이런 네 가지 간접적 증거에 〈그날, 바다〉에서 뚜렷하게 드러나는 서사 세 가지를 더해서 총 일곱 가지 요소를 분석했다.

[표 9.2] 〈그날, 바다〉의 챕터별 제목과 줄거리

챕터	제목	줄거리
1	단순 사고의 증거는 진짜인가	다큐멘터리 제작 경위와 정부 AIS 조작 의혹
2	특별조사위원회가 밝힌 진실	국정원이 사건 발생 시각을 조작했다는 의혹
3	비밀을 푸는 열쇠	• 급변침을 알리는 특별 메시지와 속력 정보를 담은 뒷자리 4개 코드에 기반한 세월호 AIS 원문 자체 분석 • 정부 AIS가 조작되었다는 확신
4	인천에서 마지막 섬까지	• CCTV 영상, 사망한 학생 휴대폰의 영상 및 메시지, 생존자의 증언, 블랙박스 영상에 재연과 C/G를 결합해 시간 순으로 재구성한 세월호 항로 • 외력이 작용했을 가능성
5	마지막 퍼즐	• 둘라에이스호 문 선장과 생존자들의 증언에 근거한 세월호 급변침 지점과 침몰 지점 조작 의혹 • 앵커가 사용되었을 가능성
6	그날 우리는 진실을 목격했다	• 차량 블랙박스 영상과 컨테이너 회전 방향 및 생존자의 증언을 근거로 한 앵커설에 대한 확신 • 다큐멘터리 제작 의의와 진상 규명에 대한 의지

체를 연출해 삽입하는 재귀적 양식reflexive mode 혹은 자전적 양식을 채용한다. 영화는 김지영 감독이 기록학 교수 김익한으로부터 세월호 기록을 의뢰받은 것을 계기로 이 영화가 시작되었고, '용기 있는' 언론인 김어준과 만남으로써 본격적으로 이를 제작할 수 있었다는 사실을 보인다. 기록학을 전공하는 교수의 의뢰와 '용기 있는' 언론인의 의기투합은 영화의 신빙성을 높이는 수사다. 김어준이 딴지일보 시기부터 언론인으로서 중요한 역할을 했지만, 그가 황우석 사태 당시에도 미국의 음모론을 제기하고, 2012년 18대 대선에서도 개표 조작을 주장하면서 이를 영화화한 〈더 플랜〉(2017)을 제작한 사실은 등장하지 않는다. 황우석 음모론과 대선 조작은 모두 거짓으로 드러났다.

2) 전문가 인터뷰: 〈그날, 바다〉는 여러 차례에 걸친 전문가 인터뷰를 녹화해 삽입했다. 전문가 인터뷰는 김지영 감독과 김어준의 앵커 침몰설을 강화하기 위한 것으로, 주로 배의 항적이 조작된 사실을 지적하는 것이었다. 그렇지만 전문가 중에서 AIS 항적 전체는 조작할 수 없다고 생각하는 사람이 대다수였고, 항적의 세부적인 좌표는 기기 오류 때문에 조금씩 잘못 찍힐 수 있다고 생각하는 사람도 많았는데, 이런 이들에 대한 인터뷰는 없었다. 대신 영화에서 등장하는 전문가들은 모두 김지영 감독의 의도를 지지하는 사람들이었다.

김지영 감독: 10노트라면 절대 정부 항적대로 나올 수 없다?

박두재 물리학 교수: 없죠.

김지영 감독: 불가능한 겁니까?

박두재 물리학 교수: 불가능하죠.

김지영 감독: 이거 사람이 만든 가짜 AIS죠?

최성복 엔지니어: 이건 AIS 규격에 완전히 어긋나는 비정상 데이터입니다.

김지영 감독: 그러면 외력이라고 얘기할 수 있나요?

박두재 물리학 교수: 말씀하신 상황이 맞다면 외력이 아닌 경우를 생각하기가 굉장히 어렵죠.

3) 다양한 재연: 〈그날, 바다〉는 배우에 의해 연기된 재연, 2D 애니메이션, 그리고 3D 애니메이션 등 다양한 재연을 이용했다. 그런데

여기에 진실과 허구가 섞여 들어가게 된다. 〈그날, 바다〉는 자신이 사진을 찍은 세월호의 위치가 AIS 데이터와 다르다는 둘라에이스호의 문예식 선장의 증언에 크게 의존한다. 그런데 실사 재연 중 둘라에이스호의 문 선장을 연기하는 배우가 "라이프링(구명조끼)이라도 착용시켜서 탈출시키십시오. 빨리!"라고 절박하게 외치는데, 이는 진도VTS가 세월호에 요청했던 내용이지 문 선장의 발언이 아니다. 둘라에이스호는 가장 먼저 세월호에 가까이 갔지만, 와류 때문에 세월호에 접근하지 못했다. 그렇지만 사실과 다른 재연은 전반적으로 문 선장 증언의 설득력을 강화하는 효과를 낳는다.

무채색 애니메이션은 전반적으로 의혹을 강조하는 역할을 한다. 흑백 애니메이션을 이용해 선원들의 증언이 등장하는데, 이들 중 일부는 배가 8시 30분에 좌현으로 15도 기울었다고 증언하고, 다시 이들이 증언한 시각은 8시 50분으로 바뀌는 장면을 보여준다. 그리고 특조위 박용덕 조사관의 국정원 개입 의혹이 나온다. 이런 무채색 애니메이션이 나올 때 배경에는 음산한 음악이 깔린다. 어떤 종류의 의혹, 음모, 은폐를 강하게 암시하기 위해서다. 그런데 8시 48분 첫 사고 시점 이전에 배가 크게 기울었다는 증언은 대부분 시간을 잘못 봤기 때문에 나온

오류라는 사실이 이후 조사와 법정 증언에서 다 밝혀졌다. 무엇보다 이런 증언은 선원과 승객 대부분이 세월호가 8시 48분에 갑자기 기우뚱하기 전에는 어떤 요동도 느끼지 못했다는 사실과 배치된다.

4) **컴퓨터 그래픽**: 다큐멘터리 영화는 카메라로 찍은 영상의 편집을 기본으로 하지만, 제한적으로 컴퓨터 그래픽C/G이 사용될 수 있다. 그렇지만 〈그날, 바다〉의 C/G 사용은 일반 다큐멘터리에 비해 과도하다. 실제 김어준은 "저희 다큐멘터리가 아마 독립영화 사상 C/G가 제일 많이 나올 거에요. 그럴 수밖에 없을 거고요. … 게임 엔진을 활용해 … 이 안에서 재현이라던가 생생함 이런 것을 드리려고 하고 있습니다"라고 C/G의 사용을 정당화했다(〈김어준의 파파이스〉, 2015. 1. 15.). 세월호 항적은 시뮬레이션 C/G를 통해 표시되는데, 이는 정부의 항적도는 거짓이라는 결론으로 이어진다. 세월호가 항해하는 장면, 터빈 회전 영상, 승객의 선박 내 위치와 동선, 생존자 인터뷰를 재현한 장면에서 C/G가 사용되며, 〈그날, 바다〉는 이런 C/G와 극적 재구성을 통해 세월호 속력은 이미 새벽부터 비정상적이었으며, 정부와 선원이 이를 은폐하기 위해 '평균 속력 맞추기'를 저질렀다고 주장한다. 실제 일어난 일을 정확히 모르는 상황에서 C/G는 음모를 암시하는 데 중요한 도구로 작동한다.

5) **고통 유발 원인의 인격화**: 〈그날, 바다〉는 세월호 참사의 모든 과정에서 인간 주체가 비밀스럽게 개입했다는 식으로 고통 유발 원인을 인격화한다. 가장 중요한 것은 고의로 좌현 앵커를 내린 사람이 존

재한다는 것이다. 그렇다면 이 엄청난 사건을 은폐하기 위해 참사의 원인을 조작한 자도 존재한다. 그리고 이 모든 과정의 맨 꼭대기에서 이를 지시한 자가 있어야 한다. 영화는 이 과정을 조작한 자로 정부와 선원을 지목한다. 국정원은 선원들을 협박해 사고 시간 진술을 변경하는 역할을 했다. 이 과정은 컴컴한 흑백 애니메이션으로 처리된다. 마지막으로 대통령은 특조위 해체에 영향력을 행사한 사람으로 등장한다. 영화에서는 이 모든 것을 지시한 자는 등장하지 않지만, 관객은 그가 최고 권력을 가진 사람일 수밖에 없음을 짐작할 수 있다.

6) 우연과 오류의 부정: 음모론의 가장 중요한 특징 중 하나는 우연을 부정하며, 모든 현상이 이론으로 완벽히 설명될 수 있다고 가정한 뒤에 설명이 불가능한 부분에 음모를 채워 넣는 것이다. 예를 들어 AIS 시스템은 배에서 자동으로 발사되는 전파를 기록하는 것이기에 완벽하며, 따라서 AIS에 기록된 항적은 실제로 배가 항해한 궤적과 동일할 수밖에 없다는 식이다. 기기에 오차가 있고 기록된 항적과 실제 항적이 다를 수 있음을 인정하지 않으며, 전파가 여러 가지 자연적·기술적 요인에 의해 수신되지 않을 가능성을 무시한다. 따라서 배가 보이는 이

해할 수 없는 항적은 닻이 해저 지형에 끌리면서 생긴 요동이다.

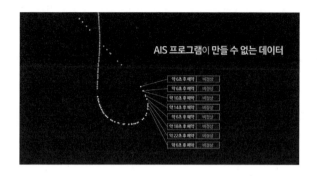

그렇지만 AIS를 다루는 사람들은 미수신률이 높을 수 있고 데이터의 소실이 가능하기 때문에 수신 시각을 기준으로 한 항적은 불완전함을 알고 있다. 또 생성 시각 정보를 활용해 항적을 역추적해도 배가 후진하는 것처럼 보이는 역전 현상이 관찰되는데, 이는 실제로 배가 후진하는 것이 아니라 GPS의 기술적 한계로 발생하는 문제라고 본다. 〈그날, 바다〉에서는 이런 오류의 가능성을 인정하지 않는다. 음모론의 서사에서는 오류와 우연으로 생긴 공백은 음흉한 의도와 음모로 채워진다.

7) **이원론적 사고**: 음모론의 수사에서 가장 뚜렷하게 드러나는 특성은 명확한 선악의 구분이다. 〈그날, 바다〉에는 밝히려는 자와 숨기려는 자, 즉 진실을 감추고 은폐하려는 거대 세력과 진상 규명을 외치는 제작진과 유가족의 뚜렷한 대비가 관통한다. 전자는 정부, 대통령, 국정원, 선원, 해군, 주류 언론이며, 후자는 영화를 제작하는 다큐팀, 특조위, 유가족, 문예식 선장, 생존자, 아이들, 시민이다. "진실을 감추는 정부, 질문을 멈춘 주류 언론. 의혹은 묻혀질 공산

이 크다"(21:45), "그러나 정부는 잘못된 AIS를 단순 사고의 증거라 했다"(23:43)라는 내레이션은 은폐 세력의 존재를 집약한다. "사실 이 내용은 너무 큰 사안이었어요. 정부에서 발표한 레이더, AIS, CCTV까지다 가짜라는 얘기를 하는 거거든요. 그래서 이건 반드시 교차 검증이 필요하다"(1:11:16)라는 육성과 "다큐팀은 이제 정부가 발표한 모든 항적 자료들이 가짜라는 가설을 세운다"(1:15:14)라는 내레이션은 은폐 세력과 진실을 밝히려는 세력, 선과 악의 뚜렷한 구분을 강조한다.

5. 요약 및 결론

세월호 참사에 관한 숱한 음모론이 유포되었으며, 그중 잠수함 충돌설 같은 외력설은 국가가 공식적으로 지정한 선체조사위원회와 사회적참사조사위원회에서 심각하게 다루어졌고 공식 보고서에도 수록되었다. 이처럼 상식에서 한참 벗어난 음모론이 횡행한 가장 큰 이유는 신뢰의 부족이었다. 유가족은 물론 시민들까지 정부와 당시 여당이 세월호 조사에 적극적이기는커녕 의도적으로 방해하고 있다고 느꼈고, 이는 무엇인가 감출 것이 있기 때문이라는 의혹을 낳았다. 선원에 대한 재판에서 경찰과 검찰은 3등 항해사와 조타수가 실수해서 대각도 조타가 발생했다고 이들을 기소했는데, 이는 배를 조금만 아는 사람이라면 납득하기 힘든 판단이었다. 1심 재판에서는 이들의 실수가 인정돼 중형을 선고했지만, 2심 재판에서는 기기 고장의 가능성을 인정해 이들에게 (조타 실수 부분에 대해서는) 무죄를 선고했다. 이후 세월호에 의혹을 가진 시민과 유가족은 검찰은 물론 정부의 발표 모두를 불신하기 시작했다.

나중에 드러난 바에 따르면 박근혜 대통령은 세월호가 침몰한 뒤에야 보고를 접했고, 이후 별다른 조치를 취하지 않다가 최순실을 만나 대책 회의를 한 뒤에 머리를 손보고 5시에 중대본에 도착해 "학생들이 구명조끼를 입었다는데 그렇게 발견하기가 힘듭니까?"라고 물었다. 여당과 청와대에 있던 측근 중에 정치적 감각이 있는 이들은 대통령이 이런 끔찍한 참사를 놓고 7시간 동안 행적이 묘연했다는 사실이 정치적인 '역린'이 될 수 있다는 점을 감지했다. 세월호에 제주도 해군기지 공사장으로 가는 철근이 280톤이 실려 있었다는 것도 정치적으로 부담스러운 일이었다. 특히 참사 초기에는 과적이 세월호 침몰 원인으로 자주 지목되었는데, 이런 과적의 원인 중 하나가 정치적으로 논란이 많은 강정 해군기지에서 사용할 자재라는 사실이 곤란했던 것이다. 그래서 관계자들은 이 철근을 쉬쉬했고, 이는 참사 2년이 지난 뒤에야 공식적으로 확인되었다. 이들은 세월호가 그저 우연히 일어난 사고에 불과하다는 주장을 퍼트리면서, 참사의 책임을 선원과 해경 선에서 마무리하기를 원했다. 그렇지만 이런 태도는 의혹을 키웠고, 이런 의혹은 더 정교한 음모론이 싹틀 토양을 만들었다.

　　음모론은 그 자체의 삶을 가지고 있다. 그것은 하나의 씨앗에서 작게 시작하지만 자라나고 뿌리를 깊게 내리며 가지를 친다. 세월호가 복원성이 불량한 배였다는 사실에 대한 상세한 분석, 솔레노이드 밸브의 고착, 충돌 흔적의 부재도 음모론을 잠재울 수 없었다. 음모론자들은 여러 가정을 동원해 세월호의 복원성이 양호했다고 제시했고, 솔레노이드 밸브가 돌아간 것이 침몰 후에 일어났을 수 있다고 했으며, 잠수함은 선체가 아닌 스태빌라이저에 충돌해 이를 휘게 했다고 주장했다. 세월호 조사관과 유가족 중에는 세월호의 의혹이 아직 온전히 규명되지 않았다고 생각하는 사람들이 있었고, 이들은 조사가 계속되면서 의혹이 완전히 해소되고 이런 과정을 통해 세월호가 기억되기를 바랐던 것으로 보인다. 인간과 기술이 얽혀 복잡하게 돌아가면서 우연과 오류를 낳는 실제 세상은, 그것도 세월호 참사처럼 다시 재현할 수 없는 세상은 어떤 공학·심리학·방재학 이론으로도 완벽하게 설명할 수 없다. 이를 100퍼센트 완벽하게 설명하고 이해하려 했던 의도는 음모론의 싹을 키우는 토양이었다.

잡지 《스켑틱》의 설립자 마이클 셔머는 음모론을 구별하는 잣대로 다음의 10가지를 제시했다(Shermer, 2010). 이 중 상당 부분이 잠수함 충돌설이나 앵커 충돌설과 들어맞는다. 독자들이 세월호 음모론이 이 10가지 중 몇 개를 만족시키는지 한번 가늠해 보기를 권한다.

1) 의미 없는 점들의 연결: 인과적으로 연결되지 않는 점들을 연결해 패턴을 만든 뒤에 이를 음모와 등치시킨다.

2) 슈퍼 휴먼 행위자: 이런 패턴 뒤에 초인적인 힘과 권력을 가진 행위자를 등장시킨다.

3) 복잡성: 음모는 복잡하고 수많은 요소를 포함한다.

4) 입을 다물어야 하는 많은 사람들: 음모는 입을 다물고 침묵을 지키면서 음모를 은폐하는 많은 이들을 상정한다.

5) 통제와 지배: 음모는 이를 통해 국가, 세계, 경제, 정치를 지배하려는 야심을 포함한다.

6) 작은 것에서 큰 것으로: 음모론은 참일 수도 있는 작은 것에서 참

이기 힘든 큰 것으로 옮아간다.

7) **불길한 의미를 부여함**: 음모론은 의미 없는 사건에 불길한 의미를 부여한다.

8) **사실과 추측을 그냥 연결**: 음모론은 사실과 추측을 구별하지 않고 이 둘을 그냥 섞어버린다.

9) **정부나 기관에 대한 불신**: 음모론은 모든 정부 기관을 불신한다.

10) **대안적 설명을 거부함**: 음모론은 모순되는 증거를 부인하면서 대안적인 설명의 가능성을 거부한다.

9장 참고 문헌

Reid, Scott A. (2023), "Conspiracy Theory," *Britannica*, https://www.britannica.com/topic/conspiracy-theory.

Shermer, M. (2010), "The Conspiracy Theory Detector: How to tell the difference between true and false conspiracy theories," *Scientific American*, https://www.scientificamerican.com/article/the-conspiracy-theory-director/.

Swami, V., and R. Coles (2010), "The truth is out there: Belief in conspiracy theories," *The Psychologist*, 23: pp. 560-563.

Walch, Tad (2006), "Controversy dogs Y.'s Jones", Utah news.

김배중·정양환 (2016), 「음모론보다 더 무서운 건, 음모론이 통하는 사회신뢰의 균열」, 《동아일보》 (7월 6일), https://www.donga.com/news/article/all/20160706/79039091/1.

김지영 (2018), 〈그날, 바다〉 (2018. 4. 12 개봉, 다큐멘터리, 110분).

민병현·백선기 (2009), 「TV 시사다큐멘터리 영상 구성 방식과 사실성 구현에 관한 연구: KBS, MBC, SBS를 중심으로」, 《한국언론학보》 53(3): 268~296쪽.

신성환 (2015), 「미디어 영상 체험의 가시성(可視性)과 리얼리티에 대한 고찰－4·16 세월호 참사 관련 실제 영상 및 두 편의 다큐멘터리를 중심으로」, 《대중서사연구》 21: 33~86쪽.

오세리 (2021), 「논쟁적인 과학을 다루는 다큐멘터리 영화의 설득전략」(미발표 초고).

유지훈 (2016), 「'그것이 알고 싶다' 세월호 직원 "'세타의 경고', 잘 기억나지 않는다"」, 《MBN 뉴스》 (4월 16일), https://www.mbn.co.kr/news/entertain/2852128.

전상진 (2014), 『음모론의 시대』, 문학과지성사.

홍성욱 (2020), 「'선택적 모더니즘(elective modernism)'의 관점에서 본 세월호 침몰 원인에 대한 논쟁」, 《과학기술학연구》 제20권 제3호, 99~144쪽.

황정하·홍성욱 (2021), 「세월호의 복원성 논쟁과 재난 프레임」, 《과학기술학연구》 제21권 제45호, 91~138쪽.